从身边出发 同世界对话

和孩子一起看世界

食物的全球旅程

刘馗 / 著

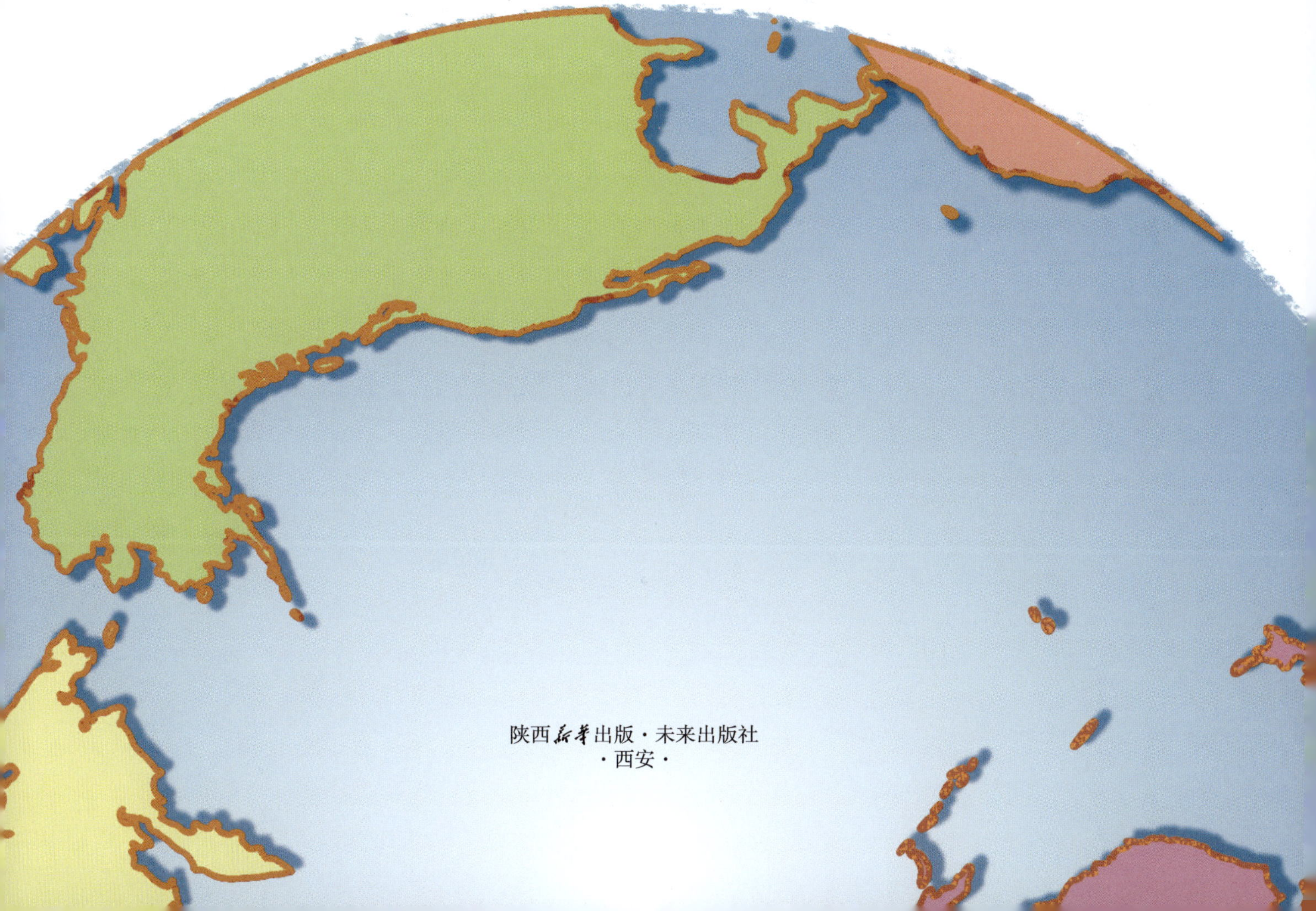

陕西新华出版·未来出版社
·西安·

图书在版编目（CIP）数据

食物的全球旅程 / 刘馗著 . -- 西安 : 未来出版社 , 2025. 7. -- (和孩子一起看世界). -- ISBN 978-7-5417-7745-5

Ⅰ. TS2-49

中国国家版本馆 CIP 数据核字第 2024CH5793 号

和孩子一起看世界　食物的全球旅程

HE HAIZI YIQI KAN SHIJIE SHIWU DE QUANQIU LÜCHENG

刘馗 / 著

审 图 号： GS 陕（2025）40 号
出 品 人： 李桂珍
图书策划： 高　琳　张美琎
责任编辑： 高　琳
参与编写： 余　慧
内文插图： 正　雀
出版发行： 未来出版社
社　　址： 西安市登高路 1388 号
邮政编码： 710061
电　　话： 029-89122633 89120538
经　　销： 全国各地新华书店
印　　刷： 鹤山雅图仕印刷有限公司
开　　本： 889mm × 1194 mm 1/16
印　　张： 5.875
字　　数： 118 千字
版　　次： 2025 年 7 月第 1 版
印　　次： 2025 年 7 月第 1 次印刷
书　　号： ISBN 978-7-5417-7745-5
定　　价： 48.00 元

目 录

引　言

食物背后的人类历史

当你品尝各种美食的时候，可曾想过它们从哪里来？在成为我们的食物之前又有着怎样的历程？俗话说“民以食为天”，人类在地球上生存的漫长历史中，获取食物一直都是至关重要的事情。如同动物世界里的飞禽走兽为了食物去迁徙一样，人类自诞生起，每时每刻的生活都与食物息息相关。食物构成了人类历史的一部分，人类为了获取更多的食物也在不断地创造着历史。

距今大约 20 万年前，现代人的祖先智人从非洲走出，散布到世界各地。究其原因，有人认为是为了寻找食物。2020 年，学者在沙特阿拉伯一处湖泊遗址的考古工作中发现了智人出现在阿拉伯半岛的最古老证据——三个远古人类留下的足印与数百头象、牛和马的足印混杂在一起。这说明那时智人的迁徙与他们的食物来源密不可分，他们为了获取食物不得不四处奔波，追寻着食物迁徙至世界各地。约 1 万年前，小麦、水稻等禾本科植物开始陆续被培育成人类的食物。对人类而言，这是一次重大的变革，人类由此进入农业时代。之后，人类不断地改造着自己的食物，各种各样的植物和动物被人类驯化和改良，使它们成为人类食物的一部分。被人类精心挑选的植物和动物，通过选种、培育和养殖，最终成为人类稳定的食物来源。同时，人类还通过砍伐森林、改道河流、开垦荒山和耕种土地，改变着地球的地貌，以利于农业生产。为了更好地种植小麦和水稻，人们还选择在适合灌溉的地区居住，由此过上了定居的生活。可以说，人类驯化了其他物种，让自己的食物丰富起来，而食物也在潜移默化中改变了人类的生活。

食物伴随着人类的进化与发展，因此食物的背后就是一部人类发展的历史。首先，食物反映了人类社会结构与等级的变迁。在远古时代，人类尚处于原始社会，为了生存，狩猎所得的食物在部落中被平均分配，这种分配方式直至今天在一些偏远的原始部落仍有保留。但渐渐地，有些人开始掌控比别人更多的食物资源，这时对食物资源的占有便成为区分和显示社会阶级和地位的标志。从许多人类遗址的考古中发现，人类的营养状况与所处的阶级息息相关，食物与阶级分化紧密相连。在不少地区的历史文化中，暴饮暴食和肥胖都是富裕的象征，腰围越大就越受尊重。甚至吃什么类型的食物也成为人们划分等级身份的重要依据，例如中世纪的欧洲对哪些食物适合哪些人就有详细的规定：白面包、野味、肉质细腻或罕见的禽类、鱼类以及外国香料专供贵族，而平民只能吃一般的食物，如蔬菜、粥和黑面包。这种规定形成了食物上的阶级偏见，当时就有人认为平民不适合食用鱼子酱的说法。

此外，食物与人类的生存环境息息相关，不同的文化形成了不同的饮食习惯。比如，在古代中国的农耕时代，牛曾因耕作需要而被禁止食用。食物背后还有"怎么吃"的文化，例如，中国传统的"碗筷"文化、西方的"刀叉"文化、印度的"手抓"文化等，每一种与饮食相关的文化都值得我们去理解和尊重。

其次，食物决定着人类的生存，食物的短缺意味着人类生存危机的到来。人类为了争夺食物，在历史上发生过多次战争，食物背后也隐藏着残酷、血腥的历史。特别是人类进入农业文明之后，当遭遇极端天气、植物病虫害和动物疫病导致食物短缺时，人们为了争夺食物有时会大打出手，甚至相互残杀。

最后，食物的变化也是一部人类的全球化历史。我们今天在餐桌上看到的食材都是千百年来文明交流、融合的丰硕成果。每一次大的文明交流都会带来食物交流，如丝绸之路、新航路的开辟等。今天的食物与以往相比，更加丰富多样，这也与全球化的发展相关，我们可以吃到来自世界各地的不同食物。同时，人类自身的发展也使人类有能力不断改造食物，特别是科技的发展给食物带来了巨变。当人类学会使用火之后，就告别了茹毛饮血的生食时代，食物开始借助火进行加工，烹饪由此诞生。随着工业社会的来临，适应工业社会需求的食物也应运而生，工业化快餐进入了人类的生活。

今天，伴随着科技的发展，特别是在生物、物流、储藏等领域的科学技术的推动下，人类餐桌上的食物还在不断地丰富和发展。曾经，食物和我们人类一起开启了地球之旅，现在这场全球旅程还在进行，食物与我们一起创造着历史。

远古人类的食物

我们今天坐在餐桌旁享受着美味佳肴时，可曾想过我们的先祖们在数万年前甚至数百万年前吃着什么样的食物？从现有的考古研究来看，大约在 20 万年前，现代人的祖先智人生活在非洲热带的大草原地带。在这里，智人展现出多方面的特殊才能，其中就包括他们多样化的饮食，这使他们很快适应了草原上的生活。他们取食广泛，既食用各种干果、水果、草根和树叶，也吃各种小动物、昆虫。我们的祖先在当时力量并不强大，本身也往往是一些猛兽的猎物，而且还极有可能跟秃鹫、鬣狗一起争夺猛兽吃剩的各种动物尸体、腐肉。正是这种多样化的饮食能力，成为人类征服世界的利器之一。

后来，智人的双腿进化得更加发达有力，便于他们奔走寻找食物。同时，直立行走能够将双手腾出来，用于使用木棒和投掷石块。他们还学会了按照用途加工木棒和石块，打制出来的锋利石器和切削出来的木棒，使远古人类获取和加工食物的能力更强了，加上语言的发展使得他们便于交流、捕猎和交换食物，这些都使人类生活有了巨大的进步，推动着人类进一步地进化与发展。

远古人类主要靠狩猎、捕鱼和采集果蔬来维持生

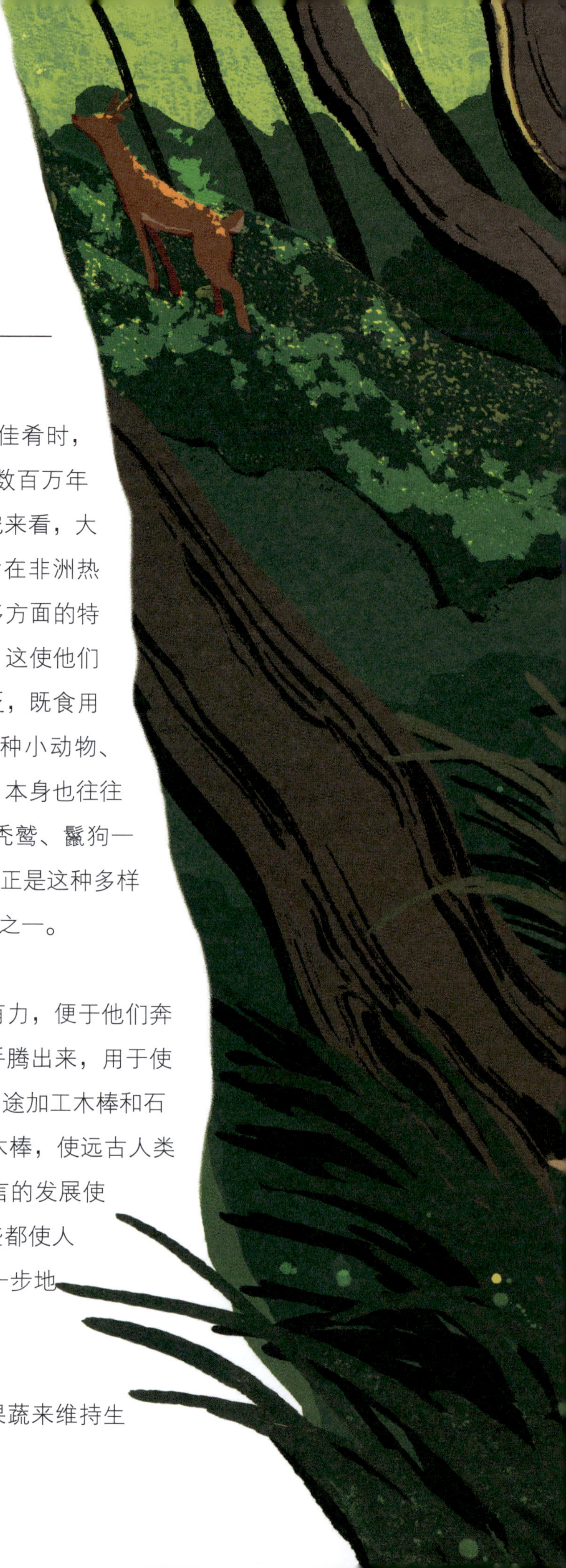

命，由于狩猎有一定的偶然性——不是每天都能猎捕到猎物，还有危险性——有时候猎物过于凶猛会伤害到人类，所以狩猎并不能够作为日常需要的食物供给，因此采集果蔬更为重要。当时的人类依靠大自然的馈赠，大部分食物都取自果实、树叶、根茎。在原始人还不知道使用火之前，东西都是生吃的，不仅生吃植物果蔬，而且连捕获的野兽也是生吞活剥，连毛带血地吃下去。由于生食肉类不易消化且细菌较多，很容易对身体造成危害，加上这个时候的人类还不知道怎么保存食物，经常饥一顿饱一顿，因此这个时期的人类很容易生病，寿命普遍较短。

在 80~60 万年前，人类开始学会使用火。原始人最早使用的取火方法为“钻木取火”或“击石取火”，即把坚硬而尖锐的木头在另一块硬木头上使劲钻，钻出火星来；或者把碎石敲敲打打，敲出火来。有了火后，人类的生活发生了巨大变化，生活质量显著提高。吃的食物经过火的热加工，改变了食物的质地，杀死了病菌，使食物更加健康，更容易消化，并且容易咀嚼，减少了进食时间。人们还想到了随时可以吃到烧熟食物的办法，例如将石子烤热，就可以在上面加工食物，或者在土灶上烧烤食物。狩猎和捕捞的鱼类，主要是以烤、烧的方式加工成熟后再食用。有学者认为人们经火加工熟食推动了人类进步。人类的牙齿由此变小，肠子的长度缩短，促进了大脑的发育。人们除了能吃到更健康的食物之

外，还用火来取暖驱寒，甚至驱赶、猎杀野兽，让族群中的人们不受野兽、害虫的侵扰。

随着人类的发展，原始人类会使用的劳动工具越来越多，捕获的猎物也越来越多。一开始被发明出来的原始猎具并不是弓箭而是渔网，因为当时的原始人类仅凭棍棒和石器在大部分时候并不容易打到猎物，而用网捕鱼就容易多了，而且网的制作也比弓箭简单。人们把用网捕获的鱼类放在火上烧烤即可食用，不仅美味且易于消化，而且比起兽肉来，鱼肉更加鲜美细腻，更适合老人和小孩食用。随后，弓箭被发明出来。

人工取火的传说

关于人工取火，还有不少有趣的传说。在中国古代传说里，发明火的是燧人氏，传说中的“三皇”之首。相传燧人氏生活在河南商丘一带，那时候的人类惧怕火，认为火是不祥的象征，看到火都绕火而行、避火而居。只有燧人氏是哪里有火就往哪里去，遇到被火烧死的动物还会撕几片肉尝一尝。他最先发现了火的作用，为了能让人们随时用上火，经过长期的摸索，燧人氏最终发明了钻木和击石这两种取火的方法，因此被后人尊称为“火祖”。

在西方，古希腊人认为火是来自一位叫普罗米修斯的英雄，火原本是神的秘密，但普罗米修斯为了拯救人类，将火盗出来给了人类，而自己却忍受神降下的痛苦惩罚。古波斯人则相信有位猎人射偏了石弹，击中石块后引出了火。美洲的印第安人则认为，是美洲虎神的爪子不断抓地而引起了火花。生活在太平洋的库克群岛的人们则认为是天神降临大地时，将火带到了库克群岛。不同文化都有自己的关于火的传说。

原始人把石头制成的箭头放在箭杆上，然后利用弓的弹力射出，精准定位，这样就能提高捕获猎物的概率。同时，人们还把石头磨成锋利的石器，用这些锋利的石器把肉分割成小块，再烧烤和食用。

对原始人类饮食带来巨大影响的器具莫过于陶器，陶器的发明和使用彻底改变了人类的饮食习惯，对人类饮食和健康的发展具有划时代的意义。根据考古发现，江西省万年县仙人洞遗址出土的陶器是世界上最早的陶器，距今约 2 万年。我们充满智慧的祖先使用陶器煮、炖食物，这样食物不仅易烂、易熟，而且吃起来更加可口。而煮过食物的肉汤、鱼汤鲜香扑鼻，人类又发明了汤这一美食种类。人们还把陶器制成锅、碗等容器，便于食物的加工和盛放，利于储存。总之，远古人类饮食习惯的变化标志着人类生产力和生产工具的进步，也标志着历史的进步。

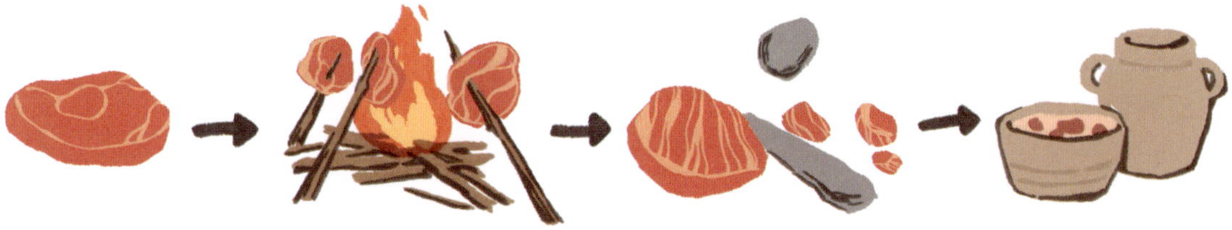

从远古流传至今的饮食习惯

从远古时期发展至今，随着烹饪技术的发展，今天人们吃的食物与远古时期相比有了很大进步，但人类先祖的一些饮食习惯并未完全消失。生蚝，又名牡蛎，之所以被称为生蚝，是因为它可以生吃。当你把生蚝的半边壳举到嘴边时，脑袋朝后一仰，用牙齿把蚝肉从壳中刮出，在嘴里品尝它鲜美的汁液，接着再将它生吞入肚。这时，你已体验到原始人类的古老饮食方式了。再比如，人类天性喜食甜食，远古人类也偏爱糖这种高热量食物。在史前人类社会，天然的糖分来自水果、蜂蜜和植物糖浆，其中蜂蜜是他们获取糖分的主要来源。在西班牙的阿拉纳洞穴里有一幅大约 7000 年前的壁画，其中就描绘了一个人在树上采集蜂蜜，周围都是蜜蜂的场景。此外，乳制品也是早期人类的重要食物，直至今天我们也还在吃。还有我们在海边看到渔民们晾晒的鱼干，这其实也是古老的食物，原始人类很早就学会了在适宜的气候条件下用自然风干的方法来储存鱼类。

小麦对人类的“征服”

在公元前 8500~ 公元前 7000 年的中东地区，最早的农业诞生了。它使人类人口数量大量增加，从而为文明的出现奠定了基础。在人类培育的植物中，最具影响力的莫过于结子繁多的禾本科植物，也就是我们常说的谷类植物。这类植物对人类而言非常重要，其中小麦的影响力最大。小麦直至今天已成为地球上种植面积最大的作物，占到了大约 225 万平方千米的地表面积，地球上许多地区都被小麦田覆盖。

小麦为什么会如此受人们的喜爱？这与小麦自身的特点有关。在众多了不起的禾本科植物中，有的生命力顽强，有的能够抵抗病虫害，有的特别耐储存，有的产量极高。而并不具备上述优点的小麦之所以能在众多禾本科植物中脱颖而出，在于它有一个显著的优点，就是其独特成分——麸质，其含量比其他禾本科作物高了许多。这使得小麦特别适合制作成面团，麸质加水之后，面团变得易揉搓，这种黏度能够让发酵过程中产生的气体锁在面团里，这一特性使小麦易于加工成面包、馒头等各种面食，而且发酵后制成的面包、馒头等具有松软可口、易于消化的特点。

除了小麦自身的特性，它的秘诀还在于让人类为其所用。人类享受小麦带来的美味，就投入越来越多的精力来培育小麦，在几千年间，全球许多地区的人们都开始种植，但是种植小麦并不容易，因为照顾小麦要事无巨细：第一，小麦不喜欢石头，所以人们要把田地里大大小小的石头捡出来，这就会让人们腰酸背痛；第二，小麦不喜欢与其他植物分享空间、水和养分，所以人们顶着烈日也得为小麦除草；第三，小麦会得病，人们要为它驱虫防病；第四，无论是蝗虫还是兔子，都想饱餐一顿小麦大餐，但小麦自己完

全无力抵抗，就不得不依靠人类守卫和保护；最后，小麦会渴，需要大量水，人类就得从大老远的涌泉或溪流中把水引来，为它灌溉；小麦也会饿，人类需要收集各种动物和人的粪便，来滋养小麦生长的土地。因此，从早到晚忙这些事极大地消耗了人们的体力。

人类身体的进化一开始并不是为了从事这些农业活动。当远古智人来到非洲热带草原时，适应的活动是爬果树、追羚羊，而不是弯腰清理石块、努力挑水。而直立行走的人类为种植小麦付出了代价，脊椎、膝盖、脖子和脚底都成为受损伤的部位。科学家在研究古代人类的骨骼时发现，人类进入农业时代后出现了大量疾病，例如椎间盘突出、关节炎和疝气等。此外，新的农业活动需要花费大量时间，人类就只能被迫永久定居在麦田旁边，陪伴着小麦生长，这样就彻底改变了人类的生活方式。可以说，不是人类驯化了小麦，而是小麦用它的美味驯化了人类。

起初，野生小麦与其他禾本科植物差不多，看起来与野草并无两样。直至约 1 万年前，小麦开始被人类驯化，由一种野草成为主要粮食作物。最早被驯化的是野生一粒小麦，紧随其后的是二粒小麦。约 8000 年前，二粒小麦偶然与野生山羊草属的植物节节麦天然杂交，形成了小麦的又一个新品种——普通小麦。由于小麦在野外其实是一种竞争力很弱的植物，如果让它们单独和野草对抗，第二年就会被野草“干掉”。所以小麦的传播必然与人类活动相联系，这种借助人类活动的传播方式大体可分为两种：一种是自己种，因为习惯了小麦，人类在搬家迁徙时就会带着它，走一路种一路，小麦也就渐渐传播开了；另一种是给别人种子，让别人种，这种方式通过人与人之间的交流完成。就这样，小麦借助人类开始了对地球的“征服”。

小麦的种植最早起源于西亚的新月沃地，大致包括现今的以色列、巴勒斯坦、黎巴嫩、约旦、叙利亚、伊拉克东北部和土耳其东南部。在这些地区史前文明的考古遗址中发掘出了许多残留的实物，其中就有野生和人工栽培的炭化小麦粒，以及麦穗、麦粒在硬泥上的印痕等；其后，小麦从西亚中东一带向西传入欧洲，向东传入阿富汗、印度，再传入中国；15 世纪至 17 世纪，欧洲殖民者将小麦传至美洲；18 世纪，小麦传到大洋洲，完成了对地球的“征服”。

小麦的中国之旅

中国并不是小麦的原产地，但却是世界上较早种植小麦的国家之一。据考古研究，在距今约 4500 年前，小麦传播至中国西部的新疆地区，随后继续向东传到甘肃、山东等地。在甘肃省民乐县的东灰山、安徽省亳州钓鱼台以及山东省等地发掘的新石器时代遗址中，都发现有炭化小麦种子，这些小麦样本的时间主要集中在距今 4500~3200 年，说明那时小麦已成为当时的主要农作物。当文字诞生后，麦事便开始被人们记录下来，如安阳殷墟出土的商代甲骨文中就有“告麦”“食麦”的记载。在战国时代，人们已经开始注意到了麦的种属及品类之间的区别，开始区分小麦和大麦。不过中国最初的小麦食用方式和今天并不一样，不是先磨成面粉再加工成食物，而是和其他谷物一样，被做

成粒食食用，就是像大米一样被烹饪，人们一粒一粒地食用，或者煮成粥吃。在汉代，用麦粒煮饭就是小麦的基本食用方法之一。小麦除了可以蒸饭、煮粥之外，还有一种更原始、更粗陋的烹饪方法，就是炙，如同炙烤玉米、毛豆一样，将麦粒放在炙具上焙熟后食用。不过这种烹饪方法也只是农民在田间劳作时的野炊之法，并不普遍。

由于早期食用的小麦都是直接连麸煮食，粗纤维较多，因此吃起来不太可口，这样就影响了小麦的传播，这一状况直到战国末期石磨出现后才得以改观。但石磨起初并不是只用于加工小麦，而是用来加工大豆做豆腐，后来到了汉朝才用石磨将小麦磨成面粉，再加工成食物，这时变得可口的小麦才得到了人们的重视。随后，小麦的种植面积大大增加，逐渐替代了粟和黍，成为我国北方人的主食。石磨也经历了从人力推动到畜力推动，再到水力驱动的演变。到了唐朝，还出现了专门用石磨加工谷物的行业。用小麦做的面食也更加普遍了，面条、包子、馒头、烧饼这类食物逐渐出现在人们的食谱里。明朝末年，中国北方一半的口粮都是小麦做成的食物。至此，小麦确立了在中国人口粮中至关重要的地位。

麦饭与“倒霉”的晋景公

春秋时期，晋国的晋景公特别爱吃用麦粒煮的麦饭。虽然身体不好的他已“病入膏肓”，但是仍然想吃麦饭。晋国的巫师说他等不到吃新的麦饭就会死去，晋景公不信，他等到麦子成熟时，让人用新麦煮了麦饭，给巫师看过后就杀掉了他。结果晋景公刚准备吃麦饭，就觉得肚子不舒服，想上厕所，没想到这一去竟然掉到厕坑里被淹死了。“倒霉”的晋景公直至临死也没有吃上他盼望已久的麦饭，巫师的话不幸应验了。这里可以看出，春秋时期人们食用小麦，还是用煮麦粒的方式。

水稻的历史

说起水稻，大家也许并不陌生。水稻是一种禾本科一年生草本植物，成熟的稻子脱壳后就是大米，是我国南方大部分地区以及东南亚地区人们的主食，稻米可以为人类提供大约 20% 的热量和 13% 的蛋白质。水稻原产地之一就在我国长江中下游地区，这里气候温和、湿润，阳光和雨水充足，非常适宜水稻生长。在远古时期，我们的祖先在此将野生稻驯化并大量种植。野生稻驯化为栽培稻的过程是通过人们长期选种和育种来完成的，人们在选种时总是选择更饱满、在稻穗上能留存更长时间的谷粒作为种子。长此以往，稻米的生物属性逐渐发生变化，落粒性减弱，野生稻逐渐变成了栽培稻。

据考古证实，迄今世界上最古老的水稻驯化证据来自我国湖南省道县玉蟾岩遗址中发现的原始碳化古稻谷。学者们认为，这些古稻谷距今 12000 多年，代表了野生稻早期的人工驯化形式，已具有粳稻的特征。无独有偶，在江西省万年县仙人洞遗址中也发现了 12000 年前的野生稻植硅石和 10000 年前的栽培稻植硅石，它们都被认定为现今世界上年代最早的栽培稻遗存。在我国浙江省余姚河姆渡遗址中，考古学家们发现了大量栽培稻的稻谷遗存，其中包括堆积层厚达半米的稻粒、稻叶和稻秆的遗存，并出土了许多种植稻谷的农具，这些都证明了在 7000 多年前这里曾大量种植水稻，这足以说明我国是水稻的主要起源产地之一。

早在 3000 多年前的殷商时代，水稻就在农业生产中占有一定的地位。在河南安阳出土的殷墟甲骨文中，已经有了“稻”

字，并且还有占卜稻谷生产丰歉的记录。当时人们已经为稻田开凿沟渠，引水灌溉，可见当时水稻生产已经达到了一定的水平。在我国古代，有关水稻的史书典籍很多，《齐民要术》中明确指出选择水稻的种植地点要靠近湖泊或湿地。宋代还出现了专门记载水稻的《禾谱》，水稻可谓是中华文明的象征。

水稻的种植还带动了我国南方经济的发展。在西晋末年和唐朝“安史之乱”时期，北方动荡使得北方人口大量向南方迁徙，南迁的人们带去了先进的农业种植生产技术，进一步促进了水稻生产。唐代时，水稻产量已经超过了传统谷物粟。宋元时期我国又引进了占城稻，稻麦两熟制在长江流域逐渐形成，由于当时长江流域的稻米产量很高，因此有“苏湖熟，天下足”之说，这充分反映了江南水稻生产在全国粮食供应中占有重要地位。北宋时，水稻的总产量已由殷商时期居于五谷之末上升为五谷之首，成为粮食作物中的第一作物。明朝宋应星在所著《天工开物》中记载，明末的粮食供应，稻米占 7/10，麦类、粟、黍等占 3/10。可以说，自北宋以来，水稻居全国首位的粮食作物格局已经形成，直至今天也没有太大改变。

如今，中国已成为世界上最大的水稻种植国和最大的水稻消费国。水稻经过这么多年的发展，生产技术不断革新，产量和质量都得到了飞速的提升。特别是我国著名农业科学家袁隆平创建的超级杂交稻技术体系，不仅提高了水稻的单产和质量，还丰富了水稻的品种，造福了世界人民。

稻田的发明

所有种类的野生稻都是湿地物种，生长在与水相邻的湿地里。考古发现，原始野生水稻的驯化是将其转移到湿地边缘的旱地环境中种植，然后利用自然洪水和雨水淹没旱地，从而形成稻田。大约公元前 5000 年，我们的先祖就发明了稻田种植技术，迄今最早的证据是在天禄山遗址中发现的稻田遗迹。稻田的出现意味着需要更多人参与水稻的种植。人们通过修建梯田和田间设施，减少间歇性洪水造成的环境破坏。此外，人们还利用水利技术控制河流的季节性泛滥，为稻田补充营养物质。可以说，稻田的出现不仅扩大了水稻的种植 面积，还促进了水稻的推广。

水稻的传播

根据遗传学测定，我们现在栽培的稻谷主要起源于两种野生稻：亚洲稻和非洲稻。前者广泛分布于世界各稻区，后者现仅在西非有少量栽培。众多中外学者根据考古发现分析，一致认为亚洲稻起源于中国并由此传播到世界各地，传播路线大体为沿澜沧江、

怒江、红河向东或向南传至珠江流域的闽粤、江浙的吴越和越南的雒越；向西跨越山河传到缅甸及印度。之后，随着中外物资和文化的交流，又传到朝鲜、日本、马来西亚和菲律宾，再由上述地区传到欧美及世界各地。公元前 1000 年左右，水稻就已经是斯里兰卡的主要农作物了。在西方，欧洲人将水稻从东方引入欧洲大陆。而美洲的水稻主要是由西方殖民者带去的，其中葡萄牙人把水稻带到巴西，西班牙人把水稻带到美洲的中部和南部地区。水稻由亚洲传播到欧洲、美洲以及全世界，成为世界上养活人口最多的粮食作物。稻米养活了千千万万的人口，成为我们日常生活所需主食。在人类驯化水稻的同时，水稻也征服了人类。

餐桌上的“五谷”

在中国古代，古人称粮食为“五谷”。这种说法一直沿用到今天，例如粮食丰收了，我们会说“五谷丰登”，春节时大家也会看到“五谷丰登，六畜兴旺”的祝福春联。粮食为什么会被称为五谷？五谷又是哪几种农作物呢？其实，在五谷出现之前，人们一般说“百谷”。在春秋战国时期，民间流行“阴阳五行”说，如五金、五土、五味、五官、五脏等，粮食被称为五谷这一说法随之出现。在《周礼·天官》中就有“疾医：以五味五谷五药养其病”的说法，《论语》中也有“四体不勤，五谷不分”的说法，但是，都没有说明五谷究竟是什么。在汉代，人们对五谷做了进一步解释，主要有两种：一种说法是稻、黍、稷、麦、菽（大豆）；另一种说法是麻（麻籽）、黍、稷、麦、菽。之所以有区别，与不同地区所产的主要粮食作物不同有关。中国古代北方的主食是粟（小米）和黍（大黄米），也兼食其他杂粮，如菽（大豆）、麦（小麦）、高粱、麻籽；南方则以稻米为主。可见，古代所说的五谷，实际上是指五种主要的粮食作物，久而久之，五谷也就成了粮食的代名词。

稻、麦是我们广为熟知的主要粮食作物，相比之下，五谷中的黍、稷、菽就比较小众。但实际上，在中国古代，黍、稷、菽比稻和麦更为古老，甚至更为重要。在早期农业社会，由于生产工具简陋、生产方法原始，人们抵御自然灾害的能力十分薄弱。因此，种植的主要粮食作物大多为方便种植、生命力顽强的品种，它们有耐旱、耐瘠薄、生长期短等特点。黍、粟这类禾本科植物与其他作物相比，最具有这种特性，因而受到人们欢迎。黍和粟便成为我们祖先最早种植的作物，在相当长时间里占据特别重要的地位。

粟，也被称为稷，在古代被尊为五谷之长，在我国北方称为谷子，去掉谷壳后叫作小米。粟源于狗尾草，就是我们在野外经常可以见到的狗尾巴草。考古发掘显示，在两万年前，北方地区的先民就开始采集和加工野生草本植物，由此开启了粟的驯化。在距今 8200 年至 7000 年前，从东北的辽河流域到西北黄河上游的广大地区，人们开始种植被驯化的粟。由于粟的米质不黏，产量很高，也很适用于煮粥、做饭，因此多作为主食食用。

在稻麦还没有推广普及之前，粟米比稻米更为重要。古代的人们特别敬重粟米，而粟米又叫稷，因此人们将它尊为“五谷之神”。至于粟米为什么在中国历史上如此重要，有说法认为是因为种粟的周部落建立了周朝，制礼在先，所以中国古代就以粟文化为正宗。还有一种说法，相传稷是周人的祖先，稷的原名为“弃”，因他的母亲踩了巨人脚印而怀孕，生下了稷，而他的母亲以为稷是妖，将他抛弃了三次，故名“弃”。后来因为他善于播种五谷，弃被尧任命为管理农业生产的官员。再后来，弃成为最早栽种粟米的人，所以又被尊为“稷”。稷的后人推翻了商朝的统治，建立了周朝，因此后稷被视为周朝的始祖。由于稷在农业生产和人们生活中的重要性，古时候用“社稷”来代表国家也就不难理解了。而“社稷”一词的影响，久远而深广。如北京今天还保留有明清时期建造的“社稷坛”，它是明清两代帝王祭祀社神（土地）和稷神（五谷）的地方，坛中筑土五色，分别是中黄、东青、南红、西白和北黑。

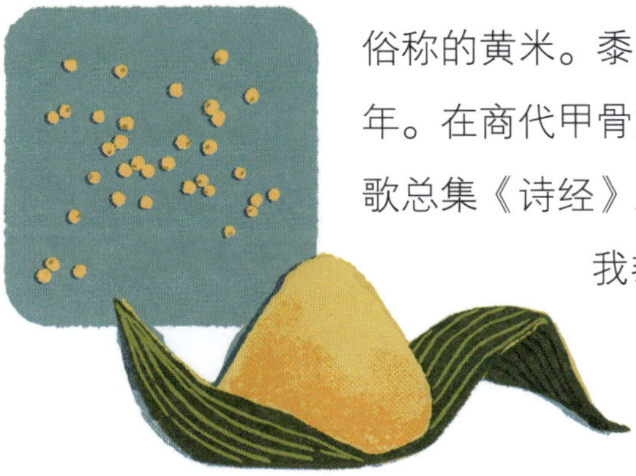

黍也是一种一年生的禾本科植物，它的籽碾成米后就是人们俗称的黄米。黍的起源很早，我国种植黍的历史距今至少有6000年。在商代甲骨文中就有关于黍的记载，春秋时期我国最早的诗歌总集《诗经》里也有很多关于黍的记载，如“硕鼠硕鼠，无食我黍。”由于黍米质偏黏，所以人们常称黍为黏黍或秫黍，其用途和糯米一样，可以酿酒、做糕点、年糕和包粽子等。古时候，黍米的食用大体有几种：一是用蒸煮法做成黍饭或粥食用，二是将黍米磨成粉做成糕点，三是用黍米做饴糖和包粽子。古人最初吃的粽子不同于今天的粽子，多用黍米包，而非糯米。

菽就是我们平时所说的大豆，它很少被用来代替米饭作为主食，现今主要是用来做豆腐、豆干之类的豆制品，以及做菜、榨油。大豆是目前全世界最广泛种植的作物之一，中国对大豆的最早记载也出自《诗经》。其中大豆被称作“菽”和“荏菽”，在好几首诗中都被反复提及，而大豆这个名称真正出现是在秦汉时期，成书于西汉时期的《黄帝内经》中就有“脾色黄，宜食咸，大豆、豕肉、栗、藿皆咸”的记载。与此同时，秦汉时期大豆在我国的地理分布也非常广泛，南北方都有种植。湖南长沙马王堆汉墓和湖北荆州凤凰山汉墓的墓葬中都发现了大豆遗存。可见在汉代，大豆已经成为丧葬仪式中普遍使用的随葬品，这也反映出大豆在当时已是常见的食物。

麻指的是麻的籽，其种植历史最早可以追溯到新石器时代。在古代，麻籽作为粮食，用于炒食或煮粥，后来更多的是提取麻中的纤维用于编织。因此，有人认为麻不属于粮食作物，之所以与其他粮食作物一同被列入五谷，可能与古人将麻用于重要的祭祀有关。

我国是世界上农业比较发达的文明古国之一，早在新石器时代，就已种植了黍、稷、粟、麻、麦、豆、稻等粮食作物，但由于各个历史时期的生产力水平不同，加之主要作物的种类和特性不同，因此五谷所指的是五种粮食作物，其地位在历史变迁中也发生了较大的变化。

早在商周时期，黍和稷便于种植，所以成为当时主要的粮食作物，地位极其重要。到了春秋战国时期，菽（大豆）、粟（谷子）上升至主要位置，这一时期的文献中也体现出当时十分重视菽和粟，如《管子》中说：“菽粟不足，民必有饥饿之色。”《孟子》中说：“圣人治天下，使有菽粟如水火。”汉代，麦子受到了人们的普遍重视，从而发展成为主要的粮食作物。到了唐代，水稻生产有了很大发展，在粮食中的地位明显提高，从而第一次出现“南粮北运”的局面。到了宋代，太湖稻区成了著名的粮仓。明代，洞庭湖稻区又发展起来，当时广泛流传的谚语有“湖广熟，天下足”。至此，水稻在全国粮食生产中的主要地位完全确立，大麦、黄米、小米等粮食作物，已处于次要地位，而大豆也退出了粮食作物的范畴，只作为蔬菜使用。总之，中国人五谷的历史丰富多彩、源远流长，也许五谷的含义在未来还会更加宽泛，但每一种谷物地位的变迁都如实记录着人类生活的发展与进步。

食物与罗马的扩张

罗马起初只是亚平宁半岛上一个不太起眼的小城邦，通过不断扩张，最终成为一个横跨亚、非、欧三洲的大帝国，创造了辉煌灿烂的文明，成为今天西方文化的源头之一。大家可知道当时的罗马人吃什么？他们的饮食习惯与罗马帝国的扩张有什么关系？事实上，罗马人餐桌的变化就是一幅微缩的扩张图景，政治变动和战争动态与他们的一日三餐息息相关，帝国的扩张改变了他们的饮食，也改变了他们的生活。

面包与政治

公元前 509 年罗马共和国建立时，它与高度发达的希腊城邦雅典、科林斯等相比，只能算是穷乡僻壤。农业是当时罗马人的重中之重，他们的生活极其简朴，主食只是混合着蔬菜碎粒的大麦粥。这些农民农忙时种地，农闲时就拿起短剑与周围的族群作战。以农民为主体的罗马军团成为罗马共和国时期对外扩张的主力，他们的任务就是不断扩张罗马的疆域。罗马军团的士兵们靠吃大麦粥保持战斗力，为了能够顺利吃上大麦粥，他们出征时还要带上手磨，以便利用闲暇时间研磨面粉。

公元前 180 年以后，面包坊开始在罗马普及，面包成为罗马城镇居民的主食，这意味着罗马城市居民在政治上的崛起。与此同时，罗马人对谷物的需求日益增长，罗马需要进一步扩张以获得更多的土地来种植谷物。大约在公元前 123 年，罗马开始实行谷物配给制度，即给罗马的每个公民一定的补助金用于购买谷物。这项政策并不是针对全体罗马人，而是只要满足性别、年龄、居住权和出生地都符合规定的罗马公民才能享有。因为罗马公民有一定的政治权利，他们可以为自己支持的领袖投票。而这些领袖也恰恰

利用罗马公民的这种权利，通过贿赂公民来获取选票，所以给支持自己的罗马公民发放更多的面包和谷物等粮食。

随着谷物配给制的实施，罗马的很多元老贵族用自己或政府的资金来取悦那些有投票权的平民，通过这种方式来培植他们自己的政治力量。而平民们为了养活自己和家人，也愿意用手中的选票来换取食物，这就形成了一种庇护制度，许多平民一大早就从自己家出发到保护人家去问候和致敬。这时，保护人就会把数量可观的食物或礼物赠送给平民，通常还会邀请他们参加晚上的家宴。这些受赠的食物很快被平民拿回家食用，剩下的则被拿到街上变卖或换成其他更急需的物品。

罗马贵族的这种庇护制度经过多年的发展，到共和国后期，贵族们将城市的暴民和奴隶都收入麾下，形成“面包与选票”的庇护关系。有些领袖会把自己政敌的奴隶释放并给予其自由公民身份，再为他们提供食物，这些被释放的奴隶便成为其支持者，这一制度最终导致社会秩序混乱，并引发了内乱。“谁控制了暴民，谁就控制了罗马”成为罗马共和国末期流行的话，而控制这些暴民的关键就在于“面包与马戏”。最终，罗马爆发内战，屋大维战胜对手，于公元前 27 年当上皇帝，罗马进入帝国时期。

疆域扩张与罗马人的食谱

罗马人早期的饮食极其朴素，通常以素食为主，他们的饮食包括面食、橄榄油、绿色蔬菜和水果等。这些绿色蔬菜有甜菜、卷心菜、胡萝卜、洋葱、韭菜、黄瓜等；蚕豆、扁豆、豌豆则是汤里的主要食材。此外，罗马人还喜欢食用菌菇，但由于菌菇并非罗马特产，所以罗马人把它们看得很珍贵，以至于有“宁可送人金银，也不愿赠送菌菇”的说法。随着罗马对地中海地区的扩张，罗马人的餐桌也逐渐丰富起来，各式各样的水果，尤其是来自地中海周边的水果，开始被端上罗马人的餐桌，如苹果、樱桃、柑橘、葡萄等。

罗马不断扩张以及对外贸易的发展使罗马人的饮食习惯有了变化，对外征战不仅能带回奴隶和财物，也带回了被征服地区的特产。据说罗马人对甜品的嗜好源于对高卢（今法国等地区）的征服，高卢地区自古有养蜂取蜜的风俗，蜂蜜味道香甜，又容易保存和运输。因此，在罗马人的饮食中，蜂蜜以及用蜂蜜做的食物就成为高档享受的代名词。罗马人对东方的扩张不仅是为了特产，还涉及商贸。胡椒被罗马人视为一种珍贵而神秘的东方香料，因为当时罗马人保存的肉类都是咸肉，而咸肉保存时间一长就容易变质。罗马人发现，如果在肉上撒上胡椒粉，变质的异味就会淡化甚至消失。于是，胡椒的价格迅速暴涨，以至于罗马每年都要花大量金钱来进口胡椒。为了弥补贸易逆差，罗马多次发动对帕提亚（今伊朗高原及周边地区）的战争。帕提亚王国在我国古代被称为安息国，是丝绸之路上的重要贸易据点之一。罗马人为了控制这里，与帕提亚王国进行了长期的战争。

罗马共和国末年，罗马人穷奢极欲，疯狂追求金钱，想尽一切办法用世界各地的物产来满足自己的口腹之欲。他们请专职厨师翻新菜肴，花费巨额资金打造富丽堂皇的餐厅和购买奢侈的餐具。据说，在公元前 73 年，有一位罗马执政官员的饮食极其奢华，有一次他招待罗马军团的将军，一顿饭就花了 3 万塞斯特斯，而当时一名罗马士兵一年的军饷也不过 451 塞斯特斯。罗马贵族们的菜品风格也是极度奢侈和铺张，例如养肥的睡鼠和从印度运来的孔雀都能成为贵族餐桌上的新宠；还有用十二道主菜组成的“黄道十二宫”，其中“白羊宫”放的是鹰嘴豆，“公牛宫”放的是一大块牛肉，“宝瓶宫”放了一只天鹅，尽显主人的身份、财富和奢华。而此时罗马的穷人和奴隶往往食不果腹，只能靠麦粥、面包和一些蔬菜充饥。

罗马人的饮食文化

罗马共和国初期，罗马人对饮食可以说是漠视的，毕竟当时罗马的经济和国力有限。随着罗马逐步扩张，国力日趋强盛，罗马帝国达到鼎盛时，罗马人开始逐步重视自身饮食文化。发达的海上航运将来自罗马各个行省的丰富物产送到罗马人的餐桌上，罗马人对物产再加以系统化的分类处理，制定了食谱，形成了自己的饮食文化。

在罗马人的世界里，谷物、葡萄酒和橄榄占饮食的大部分，平时还会补充少量的肉类、鱼类、水果和蔬菜。除了牛肉和猪肉外，罗马人还喜欢吃各种不常见的肉类，如鹿肉、野驴肉，等等。最受罗马人喜爱的是鱼肉，在他们的餐桌上有各种鱼类。他们不仅吃鱼肉，还用鱼来制作鱼露作为调料。

罗马人也酷爱葡萄，这大概与地中海气候适合葡萄生长有关。葡萄除了作为水果食用外，更多地用来酿酒。罗马人酿酒也很特别，他们先将葡萄分类，第一次压榨出的是纯正的葡萄酒，第二次压榨出的，罗马人称其为葡萄渣酒。

橄榄是罗马人最重要的食物之一，或许这是从罗马建城之初从希腊城邦那里继承而来。希腊人也将橄榄枝作为和平的象征，罗马的领导者、贵族都喜欢在公共场合戴橄榄枝制成的头冠，橄榄就成为罗马最常见的装饰元素之一。橄榄的果实作为水果食用不适宜长期储存，于是罗马人将它们腌制成果脯，以便于保存，而熟透的橄榄果实则被用来榨取橄榄油。

大多数罗马人一天吃三顿饭，这一习惯从罗马立国之初就开始并延续。罗马人的早餐比较简单，一般都是面包或大麦粥。罗马人的正餐是在晚上，这也与罗马的农耕性质相吻合，劳作了一天的人们回家后，开始享用丰盛的晚餐。罗马人在进餐时也有自己的礼仪习惯，他们进食时并不用别的工具，而是直接用右手抓取，因为他们用左手来清洁身体，在他们看来右手是干净的。罗马人还特别重视餐具，在富裕人家，餐具甚至可能是由金、银、水晶制成的。罗马人的宴会菜品丰富多样，按照开胃菜、主菜、甜点、水果的顺序上菜。

在罗马帝国中后期，奢侈之风盛行，为了显示自己在社会上的地位和财富，罗马人挥霍无度，经常举办豪华的家庭宴会，

提供各式各样的精美菜品。为了把所有好吃的食物都吃掉，罗马人发明了“羽毛消化法”。这种催吐法就是当人们已经吃得足够多不能再进食时，旁边的侍从会用羽毛戳他们的喉咙，让他们呕吐，这样把肚子吐空了的人们又可以再次进食。这种吃了吐、吐了再吃的方法极为夸张和不可思议，当时的罗马人完全忘记了祖先为了生存是多么节俭。

日渐颓废的生活为罗马帝国的覆灭埋下了隐患。4 世纪末，罗马帝国分裂成东西两个帝国；5 世纪，尽享雍容奢华的罗马人再也抵挡不住入侵者；476 年，西罗马帝国被日耳曼人灭亡；1453 年，东罗马帝国被奥斯曼帝国灭亡。从此，昔日强大的罗马帝国彻底毁灭。罗马虽然灭亡了，但罗马的饮食文化对后世一直影响深远，成为西餐文化的重要起源。

西瓜与丝绸之路

在炎炎夏日里，如果能吃上一块香甜多汁的西瓜是再美妙不过的事儿了。那西瓜为什么叫西瓜而不叫“东瓜”或“北瓜”呢？这是因为西瓜原产于非洲，从西域传来，故名西瓜。早在 4000 年前，古埃及人就培育了可食用的西瓜。在唐朝时西瓜传入新疆，五代十国时被引入中原地区。在五代十国以前，它还不叫西瓜，而是叫寒瓜，因为它有清热解暑的功效。在了解了西瓜名字的由来后，你知道西瓜是通过什么途径传到中国的吗？对，就是大名鼎鼎的“丝绸之路”。

相信大家第一次听到“丝绸之路”这个名称时，都会有这样一个问题：这是一条专门运送丝绸的路吗？确实，这是一条与丝绸贸易有关的路，但这条路上的商品并不只有丝绸，在古代，它是一条连接亚欧大陆的贸易通道，因为丝绸是其中最具代表性的货物，因此被后人称为“丝绸之路”。

实际上，这条连接亚欧大陆的贸易通道很早就已存在，是亚欧大陆物种交流的重要渠道。例如，来自西亚的小麦就是由这条通道传入中国的，还有在安阳殷墟妇好墓中发现的来自昆仑山的和田玉器，说明在商朝就已经存在从新疆到中原的交往路线了。丝绸成为这条贸易通道的商品于西汉，因此“丝绸之路”真正形成于西汉，西汉时期张骞两次出使西域。不过张骞当年出使西域的目的并不是为了与西域地区通商互市、交流贸易，而是汉武帝想要打败不

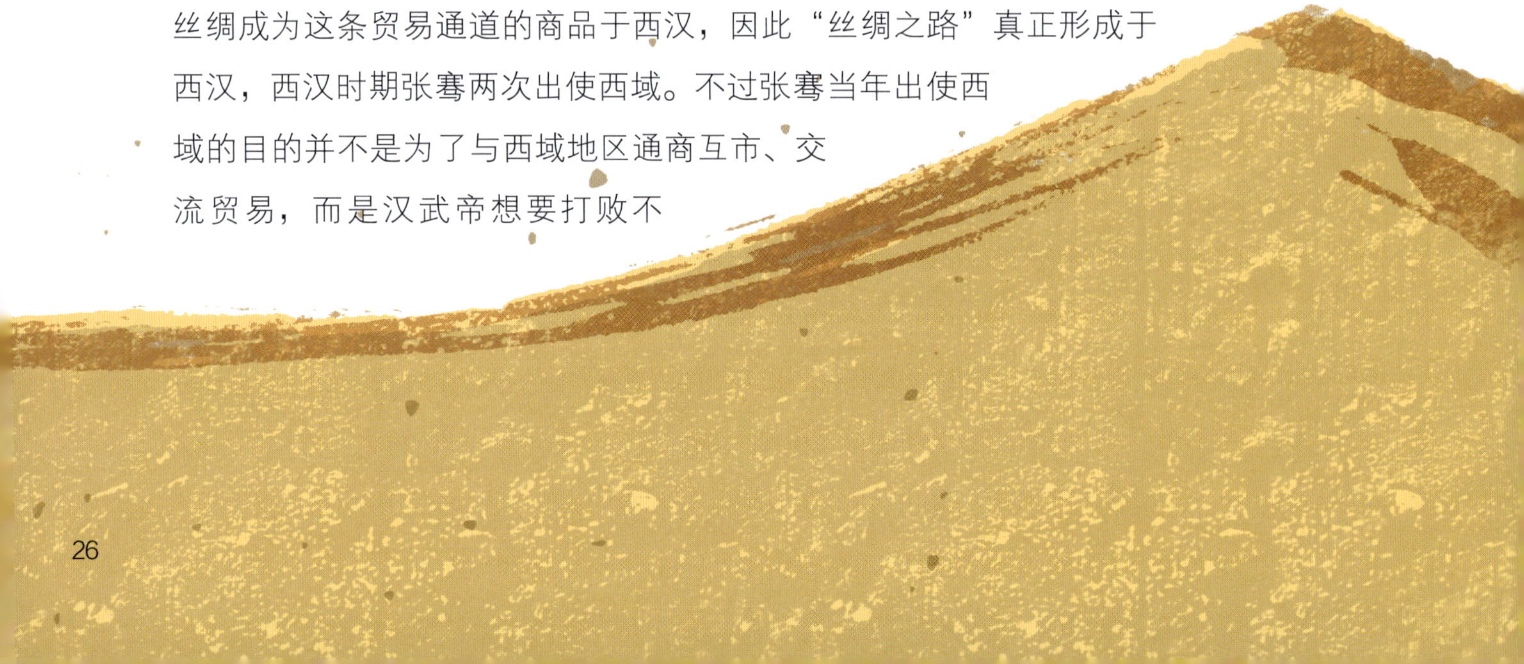

停侵扰汉朝的匈奴，于是在公元前139年派遣张骞前往西域寻找大月氏，意与其联合共同击溃匈奴。大月氏曾被匈奴赶出自己的家园，被迫西迁至西域，与匈奴结下了世仇。可惜张骞在出使途中不幸被匈奴抓住并扣留，这一扣就是十年。在这十年里，张骞始终不忘使命，一直寻找机会逃脱。逃出后他并未返汉，而是继续西行，最终在大夏一带找到了大月氏。然而大月氏已经适应了当地生活，无意再战，张骞只得无功而返。不幸的是，张骞在返途中再度被匈奴抓住，又遭扣留一年多，直至趁匈奴内乱逃脱，才得以返回汉都城长安。公元前119年，张骞再次受命出使西域，这次目的是联合西域强国乌孙攻打匈奴，但张骞到达乌孙后未达成这一目标，不过乌孙表示愿意与汉朝交往。与此同时，西汉数次征讨匈奴，大获全胜，匈奴的威胁逐渐消除，西汉与西域诸国的联系开始频繁起来，丝绸之路逐渐走向繁荣。

丝绸之路带来的食物

丝绸之路的开通促进了东西方的交流，在这条道路上，贸易商品不仅有丝绸，还有象牙、马、玉器、香料、纸、瓷器等，也有与我们生活密切相关的各种水果、蔬菜。食物借助丝绸之路的传播为亚欧大陆人们的饮食增添了更多的选择，也给我国的饮食文化带来了巨大的影响。根据《汉书·西域传》记载，葡萄就是由汉使从西域传入的。司马迁也曾在《史记》中记载，葡萄是从中亚古国大宛引入的。西域特产的葡萄酒由此传入中原，后经过历史的发展融入中国传统的酒文化当中。石榴也是由丝绸之路传来的水果，石榴原产

于波斯，传入我国后，很快就受到人们的喜爱，因为石榴不仅酸甜多汁，还有多子多孙的吉祥寓意。

除了葡萄、石榴和西瓜之外，当时经由丝绸之路传入的作物还有很多，汉代将这些由西域传进来的作物都冠以“胡”字，如胡豆、胡麻、胡瓜、胡蒜、胡荽、胡桃等。

胡豆就是蚕豆。据宋代《太平御览》记载，蚕豆由西汉张骞自西域引入中原地区，是一种富含蛋白质等营养成分的粮食作物，也可作为动物饲料。

胡麻就是现今的芝麻。原产于地中海地区，经丝绸之路传入，可用作烹饪调料，现在是我国部分地区的物色油料作物之一。

胡瓜就是今天大家所熟悉的黄瓜，胡蒜就是大蒜，胡荽则是香菜，胡桃就是核桃。这些作物随着我国历史的发展和各民族的交融，逐渐去掉了“胡”字，成为现在的名称。而胡椒、胡萝卜还保留了“胡”字，从而体现了它们西来的渊源。

到了唐代，丝绸之路进入新的繁荣鼎盛时期，大批物品经丝绸之路来到中国。唐朝的人们习惯将来自丝绸之路的物品名称冠以“海”字，如海棠、海石榴、海珠（波斯湾珍珠）等。到了元朝，由于元朝版图辽阔，原本一度衰败的丝绸之路再次兴盛起来，来自欧洲、西亚、中亚地区的商队带着东西方的物品行走于商路之间，元大都（今北京）也成为当时东方的国际贸易中心，汇集了来自世界各地的各种奇珍异宝。直至明清时期，海上交通取而代之，陆上丝绸之路的贸易逐渐走向衰落。

丝绸之路，是一条以长安（今西安）为起点，经甘肃、新疆到中亚、西亚，并连接地中海各国的陆上通道，它跨越古埃及文明、古巴比伦文明、古印度文明、中华文明的发源地，跨越不同国度和不同肤色人民的聚居地，已成为人类历史上文明交流、互鉴、共存的典范，具有重要的历史价值。它使得中国的物种得以和世界其他国家的物种进行交换，丰富了人们的物质生活，造福了人类，对人类的农业生产发展和饮食结构变迁有巨大的推动作用，并对人类的生产和生活产生了非常重要的影响。

茶叶的传奇

茶叶在今天人们的日常生活中已是必不可少的饮品，茶叶的历史可谓源远流长，充满了各种传奇。它是世界上首批真正意义上的全球商品之一，对全球化发展发挥了重大作用，对世界和人类社会都产生了极大的影响。

丝绸之路的由来

中国是最早种植茶树的国家，被称为“茶的故乡”，我们的祖先早在 3000 多年前就开始栽培和利用茶树了。公元前 200 年左右，我国最早解释词义的专著《尔雅》中就提到了野生大茶树。相传在远古时期，生产力低下，人们无法抵抗各种疾病，于是神农便亲自去品尝百草，寻求抵抗疾病的解药。有一天，神农吃了一种毒药后，感到口干舌燥、头晕目眩，于是他坐在一棵大树下休息，这时树上飘下几片树叶，神农顺手捡了两片放在嘴里咀嚼，顿时感到神清气爽，之前的不适全都消散了。他便又捡了几片相同的叶子回去研究，发现这种叶子的叶形、叶脉与一般树叶不同，他还发现这种叶子有清热解毒、提神醒脑等功效，便将其取名为“茶”。

历史上茶叶的用途最早确实是药用，后来才逐渐用于食用和饮用。刚开始，人们采用直接咀嚼或

将茶叶煮熟与饭菜混合在一起食用等方式，将它带到日常生活中。与茶叶的药用、食用相比，茶的饮用出现得相对较晚。相传我国最早饮用茶的时期是在西汉，西汉辞赋中有去四川武阳买茶饮用的文字记载，说明西汉时期茶已经作为饮品了。三国之前，茶一直作为上等物品，只供上层人士饮用，民间极少饮用。到了三国时期，制茶业得到发展，饮茶开始在文人墨士中流传开来，民间饮茶的人也越来越多。两晋南北朝时期，随着文人饮茶风潮的兴起，有关茶的诗词歌赋逐渐增多，茶开始成为高雅和智慧的象征。

在隋朝以前，饮茶习俗一直在南方流传，在北方并没有发展起来。隋朝时期，作为北方人的隋文帝有头痛病，他尝试把茶叶当作药物来使用，直至唐代开元年间，饮茶才在北方流行起来。唐代茶文化的兴起还与当时的佛教发展兴盛有关，那时的佛教寺庙很推崇饮茶，认为茶能够提神醒脑，有益于思考，不少寺院周围都种植了茶树，寺院还制定了茶礼。佛教推崇的饮茶方式以及修心觉悟之法，吸引了唐代士大夫的注意，由此饮茶这一生活方式开始进入长安、洛阳等地人们的生活中。陆羽的《茶经》也应时而生，《茶经》使茶脱离了吃吃喝喝的俗境，上升为富有独特内涵的文化载体，成为我国茶文化形成的标志。不过唐代的饮茶方式并不完全同于今天，当时流行煎煮饼茶，就是把鲜茶叶蒸熟后捣碎，压制成饼，喝的时候取块碾碎，筛制成末，再佐以配料，煮成茶汤，不过滤而饮之，这可视为抹茶的前身，这种饮茶方式的部分做法流传至今。

到了宋代，茶成为名副其实的国饮，上至王公贵族，下至平民百姓，都推崇饮茶。与唐代不同，宋代流行点茶，即碾筛之后的茶末，不再放入锅中煎煮，而是放入茶盏中，用沸水冲注，并不断搅动茶汤，再把茶汤倒入茶盏中饮用。

元代沿袭了宋代的喝茶习惯。虽然蒙古人喜欢喝奶茶、油茶，但元代人的饮茶方式十分多样：王公贵族喜欢喝砖茶，文人则倾心于江南的绿茶清淡之风；另外，民间还有在茶中加入花朵、果干等辅料的饮法。

无论是煎茶还是点茶，从压茶的制作过程到饮茶的调配过程，在今天看来，都显得过于烦琐。那么今天用芽叶冲泡的方式是何时形成的呢？是明代时期。14 世纪中期，茶叶制作工艺发展出炒青技术。炒青的茶叶工艺，不但比制作饼茶的浸水、蒸干等工艺省时省力，还能最大限度地保留茶叶天然的味道。加上明代流行去除雕饰、保留天然的风气，直接冲泡经过简单处理的鲜嫩芽叶，只喝萃取后的茶液，正好符合明朝人的心理偏好，因此，像西湖龙井、洞庭碧螺春之类的品种开始大受欢迎。

在清代以前，人们喝的大多是绿茶，还有少部分花茶。清朝时期，随着制茶工艺的发展，又出现了乌龙茶、红茶、黑茶和白茶等，我国饮茶的品种又有了进一步的丰富。

茶的传播

茶叶承载着中国数千年的文明，也承载着中国古老而又优雅的文化，飘香全世界。茶作为原产于中国的饮品，是历史上中国对外经济贸易发展的重要商品。可以说，世界各国产茶区的茶籽、茶苗及制茶技术，都是从中国直接或间接引入的，中国茶叶向世界各国传播经历了一个漫长的过程。

唐代，中国的茶叶开始向朝鲜半岛和日本传播。公元 805 年，日本僧人最澄大师回国时，带去中国茶种，并种植于日本近江，这是中国茶种向外传播的最早记载。在唐代，络绎不绝的日本僧侣来到中国学习佛法，当他们学成回国时，很多人将茶的种植知识和煮泡技艺带回日本。之后日本人结合自己的本土特色和风俗习惯，形成了一套具有本民族特色的茶道，影响至今。在这一时期，中国茶叶还通过陆上丝绸之路和海上丝绸之路向西传播，约于公

茶马古道

唐宋时期，我国边境地区兴起“茶马互市”，人们将西藏和川滇边地出产的骡马、毛皮、药材和川滇内地生产的茶叶、布匹、盐及日用品进行交易，这为后来的“茶马古道”奠定了基础。茶马古道主要有三条线路：青藏线、滇藏线和川藏线，其中滇藏线成为中国茶叶进入欧亚的通道之一。

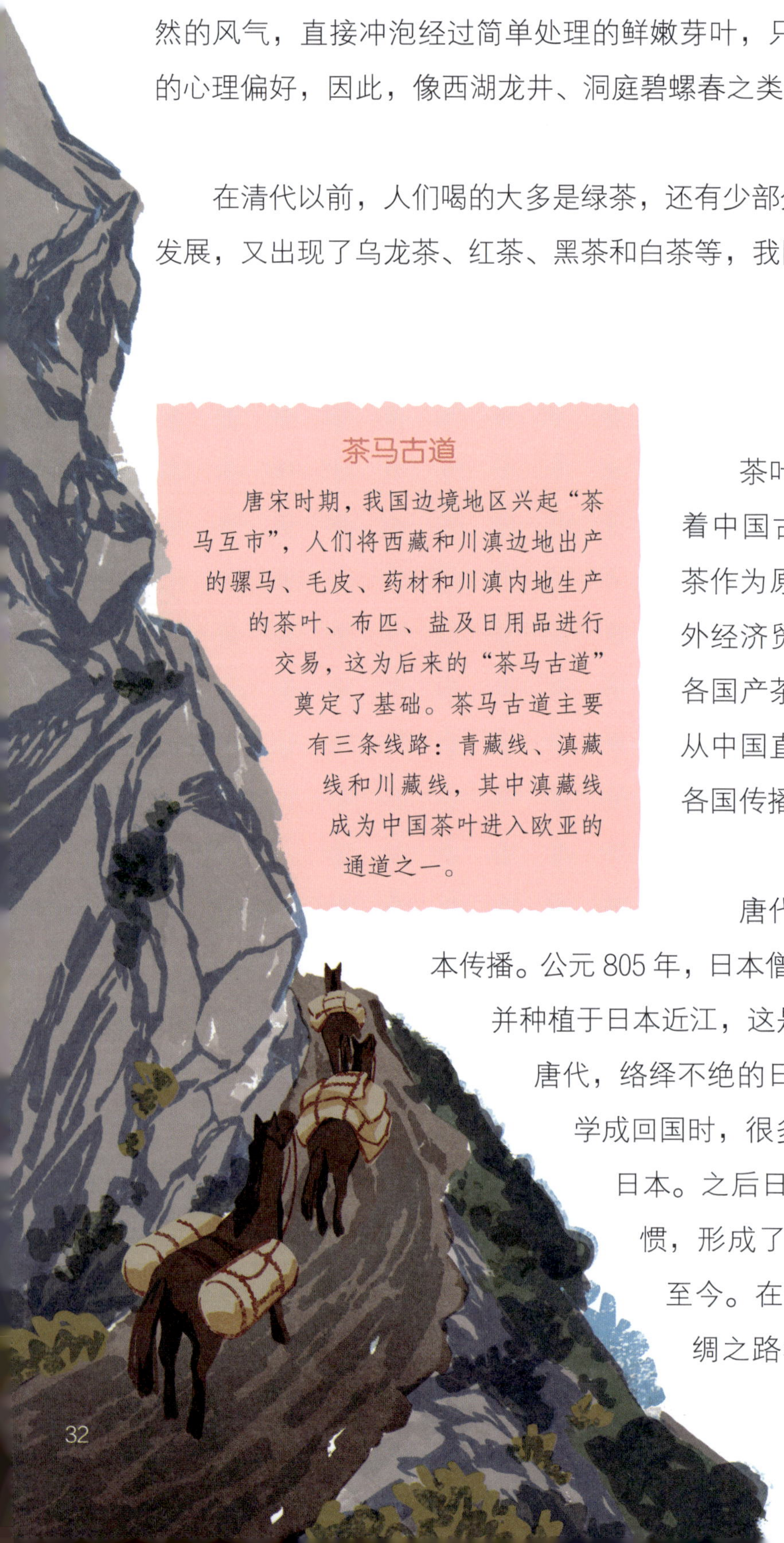

元 850 年传入阿拉伯地区。

茶兴于唐而盛于宋，两宋时期，茶在中国乃至全世界都具有重要地位。宋代海上茶叶贸易引发了东南亚诸国饮茶风气的兴起，这一地区成为中国茶文化的延伸地，也是中国茶叶由海上通往亚、非、欧国家的中转地。

明朝，郑和七次下西洋（1405—1433 年）加强了中国与各国之间的往来，促进了包括茶叶在内的大批中国货物与各国之间的贸易，扩大了中国茶叶的出口量和茶种外传的地域范围。中国茶叶远销欧洲的威尼斯，当地甚至为此出版了第一本茶书。随后中国茶叶又传入俄国、英国和葡萄牙等国。1610 年左右，荷兰商船首次从中国澳门购入少量茶叶，并将其运回欧洲，从而揭开了中国与欧洲海上茶叶直接贸易的序幕。到了清代，英国东印度公司于 1689 年首次直接从福建厦门进口茶叶，输入英国，并将厦门方言茶的发音保留，成为英语“茶（Tea）”这一词汇的发音来源。

万里茶道

1689 年中俄签订《尼布楚条约》，中俄茶叶官方贸易拉开了序幕。1728 年，清政府与俄国签订《恰克图条约》，中俄之间的茶叶贸易有了新的发展。茶叶作为双方贸易的重要商品，形成了一条从茶叶产地到俄国消费地的贸易通道。这条茶路从福建武夷山下梅村（水运）→江西河口镇（今江西省铅山县）→湖北汉口→襄阳→唐河，北上河南社旗镇，用马帮运送经洛阳→山西晋城→长治→平遥→祁县子洪口→（换畜力车）太原→大同→河北张家口→归化（今内蒙古呼和浩特），再用骆驼队运至库伦（今蒙古国首都乌兰巴托）→恰克图（今属俄罗斯），后传入中亚和欧洲其他国家，这条茶叶之路总长 14000 千米，沿途经过 200 余座城市，故称“万里茶道”。

西方文化中的茶

15 世纪末，随着新航路的开辟，全球贸易进入新的阶段，茶叶贸易也成为全球贸易体系中的重要部分。17 世纪，欧洲的传教士从中国将茶叶带回欧洲，茶迅速成为欧洲人的新宠。

在英国，茶叶备受推崇，甚至被奉为国饮。英国人用来自中国的舶来品创造了自己独特的饮用方式，形成了世界闻名的“英式下午茶”。茶叶起初引入英国时，价格十分昂贵，只有上流社会人士才能喝得起。1662 年，葡萄牙公主凯瑟琳嫁给了英国国王查理二世，凯瑟琳是英国首位喜好饮茶的王后，她使饮茶成为宫廷生活的一部分。也正因为如此，英国东印度公司于 1664 年特地精选了一批茶叶进献给英国国王。在凯瑟琳的倡导下，英国女子以饮茶为时尚，饮茶之风以更快的速度风靡英国。英国人的下午茶文化始于 19 世纪的维多利亚时代。那时王室的晚宴要准备很久，贵族们等待的时间也很长。有一天，贝德福公爵夫人安娜·玛丽亚在等待晚宴中，让她的侍女下午 4 点在她的起居室准备一杯茶和一两片黄油面包。安娜·玛丽亚发现这样的下午茶很独特，于是开始邀请朋友们加入下午茶会，大家一起边喝茶边聊服饰和家常，很快这种

风气流行于整个宫廷和贵族之间，成为一种新的社交方式。但在十九世纪五六十年代，下午茶的风尚只在富裕家庭中传播。到了19世纪的最后30年，下午茶才真正在中上层阶级里风靡起来，随后“英式下午茶文化”流行于世界。

表面上看，是凯瑟琳王后带动了英格兰的饮茶风尚，贝德福公爵夫人推动了英式下午茶文化，但实际上英国的资本主义经济推动着全球茶叶贸易，重构了供需市场，塑造了茶叶的消费革命，使茶叶由最初的奢侈品变成人们日常生活的必需品。这一过程也使英国击败了欧洲的诸多老对手，建立起控制世界各大洲贸易的商业帝国。

20世纪以来，茶叶的版图已扩展到全世界。20世纪早期的美国兴起了“茶包”。茶包的泡茶工序很简单，把茶包放进盛满热水的杯子里，等茶包里的茶被热水泡开后就可以直接饮用了。茶包的发明改变了以往的社交方式，沏茶原本是一个漫长的过程，但饮用茶包却方便快捷。

今天，茶叶不再仅仅是一种只在东方存在的奢侈品，世界很多地方都可以种植茶树、生产茶叶，茶叶变得越来越普及，随时随地都能见到。除了传统的用茶叶泡的茶水外，现在还有风靡全球的奶茶和冰茶，都已发展成为人们生活中不可或缺的饮料。茶叶的历史作为人类历史的一部分，还在继续。

不同的饮茶方式

在古代，各个大陆彼此联系较少，运输技术与手段落后，导致远程商品贸易的风险较大。由于茶叶易于保存，还有独特的风味，就使它脱颖而出，成为适合当时贸易的主要商品。但这一长时段的茶叶贸易也受制于制茶的工艺特点和运输手段，因此当茶叶贸易在全球徐徐展开时，各个地区的饮茶方式也逐步显现出迥异的特色。在亚洲内陆的高海拔地区，如蒙古高原、帕米尔高原和青藏高原，生活在这里的人们最早接触茶叶时，茶叶是以饼茶或砖茶等形式出现的。从我国南方产地长途贩运到这些地区，最经济便利的方式就是把散叶压实，使密度加大。而且很多游牧族群需要在行走中饮茶，砖茶就适应了他们随喝随取的需求，因为这些地方比较寒冷，所以当地人饮茶时，一般都会采用烹煮的方式，而高温烹煮正好能发挥茶叶的风味。还可以用奶来煮茶，这与中国平原地区对鲜嫩茶品的追捧形成了鲜明的对比。

神奇的黑色饮料——咖啡

咖啡在今天已成为全球广泛流行的饮料，成为人类饮食生活的一部分。当大家漫步街头，看到街边的咖啡馆，可曾想过咖啡这种充满香气的深褐色饮品给人类社会和生活带来了什么样的影响呢？咖啡在人类日常生活中出现，实际也不过500多年，但如同它有振奋精神的特性一样，咖啡不断地刺激着人类世界的发展，并被人们赋予了多种不同的角色。

咖啡的起源

咖啡最早发源于埃塞俄比亚高原。据传一个埃塞俄比亚牧羊人有一天发现自己养的山羊在食用了一种灌木结的苦味浆果后变得异常兴奋，他大为惊讶，于是自己也吃了这种浆果，结果也是异常兴奋。从此，这种果实神奇的效果被人们发现了，它就是咖啡。但它成为流行饮料的历史并不长，是在15世纪的阿拉伯文化中形成，然后才走向世界。在15世纪以前，咖啡在医药上被用来治疗疾病；在宗教上，它被当作一种提神的刺激物。在聚会中，人们会咀嚼新鲜的咖啡叶及生咖啡豆，因为咖啡叶有轻微麻醉效果，生咖啡豆含有微量咖啡因，这些均被人们视为力量的源泉并加以崇拜。直到后来有人发现，咖啡豆稍加烘烤后再用热水冲泡，会散发出更加香醇的风味，人们才开始将咖啡煮成饮料饮用。

咖啡的流传

1454年以后，咖啡开始在阿拉伯半岛迅速传播开来，这主要得益于一位伊斯兰教法典的诠释者——格马路丁。格马路丁在一次前往埃塞俄比亚的旅途中，首次接触到咖啡，他当时并未亲自饮用这种黑色饮品。但当他从埃塞俄比亚返回亚丁不久后，身体便出现了一些不适。在尝试了许多医治方法之后，他回忆起在埃塞俄比亚关于咖啡的传言，于是紧急派遣仆人前往埃塞俄比亚取回咖啡果实，冲煮后饮用。几番饮用后，他日渐康复，同时也体会到了咖啡有驱除睡意的神奇效果。由于深受咖啡之益，他令当地修行的人们必须饮用咖啡，此外还将咖啡的神奇功效公之于众，因此，咖啡迅速在阿拉伯世界流行开来。

咖啡是如何跨出阿拉伯半岛成为世界性饮料的呢？这应归功于 16 世纪末流行于欧洲社会的游记、书信集及旅行见闻的宣传。1582 年，欧洲重要贸易中心之一的奥格斯堡，有一位名为罗沃夫的人，他是内科医生，也是植物学家，撰写了关于咖啡的详细记录。他在一次偶然的旅行中知道了有一种名为咖啡的植物性饮料，在其《东方札记》中对“咖啡”是这样描述的：“咖啡的外观黑如墨水，能有效对抗胃病。阿勒颇的居民会在早晨用陶瓷杯将其盛来饮用，但只是小口啜饮，然后将杯子传给下一个人，在公共场所也是用这种喝法。”这段描述，使罗沃夫被公认为欧洲第一位对咖啡有所描述的人。之后不断有人对咖啡进行详细的描述，让欧洲人对这种饮料的好奇心无限扩大。

但欧洲人迟迟不肯接纳咖啡，很少喝这种饮料，出于几个原因：首先，当时流行的喝法是不加糖、不加奶，而且又浓又烫，不适合欧洲人的口味；其次，这种只有也门生产的咖啡在当时数量稀少，价格相当昂贵。直到 1665 年，咖啡才逐渐成为欧洲上层社会流行的奢侈饮品。

1683 年，维也纳第一家咖啡馆的老板将咖啡的残渣滤去，在里面加入蜂蜜和牛奶，咖啡的口味才被欧洲人接受。但是人们却难以消费得起咖啡，因为当时咖啡价格很贵。全球也只有也门栽种咖啡，效率低下的人工采摘方式、中间商的盘剥和昂贵的运输成本，使咖啡豆与香料一起被视为具有高贵价值的东方奢侈品。由于欧洲人对咖啡的喜好与日俱增，咖啡豆的价格在二十来年里迅速上涨，在巨大利益的驱动下，不少欧洲人铤而走险，将咖啡种子偷偷带出也门，到世界各地种植。直到一次外交往来才满足了欧洲人对咖啡的需求。也门国王送给法国国王路易十四一棵咖啡树作为礼物，这棵树的种子随后被带到大西洋彼岸，成为美洲众多咖啡树的祖先；欧洲人也找到了打破阿拉伯人对咖啡贸易垄断的方法，小小的咖啡豆即将展开航行全世界的旅程。咖啡很快在全球众多适合生长的地区开始种植，从美洲的墨西哥、海地到巴西，再到印度和东南亚地区。

咖啡与环境被破坏

咖啡于 18 世纪末被引进巴西，到 1900 年，巴西咖啡的产量已超过世界其他地区的总和。这时，咖啡的原产地也门敌不过殖民地的大规模生产，来自拉美的咖啡渐渐取代了也门的摩卡咖啡。1900 年，也门的咖啡豆产量还不到全球产量的 1%，繁荣一时的港口城市摩卡衰落了，加上港口泥沙淤积，这座城市最终成为废墟。摩卡掌控全球咖啡市场 300 年的历史终结了，只能靠巧克力搭配咖啡调和成的饮料，才会勾起人们的那段记忆。

咖啡在殖民地的大规模种植，满足了人们对咖啡的需求，但也给环境带来了新的问题。由于咖啡需要气候温暖且土壤肥沃的土地，于是大量的良田被改成种咖啡，还有大量的热带雨林被砍伐破坏，改成了成片的咖啡园。在巴西，热带雨林被肆意焚毁，人们在燃尽的树桩周围的土地上种上咖啡幼苗，没有遮阴，没有施肥，除了用锄头松点土，没有其他的看护，全靠咖啡苗自身吸取其他植物的养分。二三十年后，咖啡树将原始雨林的养分耗尽，于是咖啡园被弃置为放牧的草地，接着草地逐渐变成岩石裸露的荒地，咖啡种植园主也承认这其实不是栽种，而是摧残。工业革命的到来，使近代科技破坏热带雨林的速度大大加快。铁路使遥远、偏僻的森林变得可以进入，这让咖啡种植者更快地放弃现有的咖啡园，转而深入亚马孙热带雨林的腹地去开垦，被誉为“地球之肺”的亚马孙热带雨林遭到了严重的破坏。在相当长的时间里，巴西的低价咖啡攻占了全球市场，但代价极其昂贵，因为亚马孙的热带雨林并非可再生资源，森林的破坏导致生态环境恶化，大量动植物灭绝，河流淤积导致蚊子滋生，使疟疾的威胁加剧。同时，森林的减少引发气候变化，全球变暖，致使极端天气频繁出现，恶性循环显现，更多物种消亡。总之，贪婪的咖啡种植者耗用未来的资源生产，将高昂的生态账单留给了后代子孙。

咖啡馆的故事

在欧洲，咖啡于 17 世纪开始受到人们的喜爱，不久就出现了专门供人们喝咖啡的场所——咖啡馆。起初，由于咖啡价格高昂，咖啡馆成为资本主义经济发达、致富者的象征，并且成为为这类人服务的场所。在英国首都伦敦，贸易商们开始在咖啡馆里谈生意，咖啡馆渐渐成为商业中心，数量也不断增加。随着时间的推移，有的咖啡馆成为商业人士光顾的专业场所，具有了新的功能。乔纳森和盖拉威两家咖啡馆作为英国的主要证券交易所长达 75 年，弗吉尼亚和波罗的海两家咖啡馆作为商业和海运交易所长达 150 年，罗伊德咖啡馆成为当时全球最大的保险公司，等等。咖啡馆还充当办公大楼、传播消息的发源地、办报纸的地方以及俱乐部。可以说，咖啡促进了商业的发展。随着英国东印度公司的扩张，印度完全沦为英国殖民地，印度廉价的红茶逐渐取代了咖啡，咖啡馆开始售卖红茶，由此英国逐渐转变为喜爱喝茶的国家。

中国最早的咖啡

在中国，咖啡最早种植于云南。20 世纪初，法国传教士将第一批咖啡树苗带到云南宾川县，从此咖啡开始在中国种植。20 世纪 30 年代，上海最早的咖啡馆开在外滩，供那些外国水手过过咖啡瘾，解解乡愁。那时的咖啡被上海人称为“咳嗽药水”。当时有许多归国华侨也保持着喝咖啡的习惯。

喝咖啡的浪潮逐渐席卷了整个欧洲大陆，欧洲各国街头的咖啡馆也日益增多，咖啡馆成为人们见面、聊天、欢谈的场所。咖啡馆里的氛围轻松、平等，在这里人们可以自由交谈，没有身份高低之分，咖啡馆成为人们新的社交场所、新事物的发源地。在奥地利的维也纳，咖啡馆为勃拉姆斯等大作曲家带来创作灵感；在法国巴黎，咖啡馆成为上层人士聚会的场所，有的咖啡馆成为文艺界人士的交流中心，当时伏尔泰等启蒙运动思想家们在咖啡馆里提出新思想，著书立说。1789 年 7 月 13 日，巴黎的伏瓦咖啡馆，革命者在这里谋划了攻占巴士底狱的行动，拉开了法国大革命的序幕。在法国大革命期间，咖啡馆依旧是革命者的据点。

随着咖啡价格走低，在悠闲的气氛中，咖啡馆又有了新的发展。越来越多的平民可以走进咖啡馆喝咖啡，咖啡馆不再是上层人士的专属场所，而成为社会各阶层的社交场所，有的咖啡馆除提供咖啡外，还提供扑克牌、台球等轻松的消遣活动，此时咖啡馆功能的转变与封建贵族阶级的瓦解、社会公共空间的出现密不可分。

工业时代的咖啡

在哐当作响的机器声中，工业时代悄然降临，咖啡渐渐不再只是代表着休闲，还代表着劳动。咖啡帮助工人们撑起下垂的眼皮，唤醒疲乏的身体。在工厂，咖啡的角色不再是冥思、生意交流或休闲消遣的饮料，而是工业时代的闹钟。到 19 世纪末，咖啡不再只是咖啡馆的专利，它成了许多西方工厂自助食堂的必备品。

进入 20 世纪，咖啡不仅加快了现代工业生活慌乱的步调，也成为大量工业生产的商品，有些由多种成分混合加工而成的现代饮料也被称作咖啡。从埃塞俄比亚到也门的摩卡，再到拉丁美洲的咖啡种植园，从自然野生到昂贵的奢侈品，再到工业商品化的今天，咖啡一路陪伴着现代世界的发展，今后还将继续陪伴下去。

香料背后的冒险与战争

如果让你驾驶一艘帆船去航海，你愿意吗？也许最初你会感到很新奇，但最终很可能会再三思量、望而却步。是的，在无边无际的大海上驾驶帆船航行并不是一件容易的事情，随时可能会遭遇恶劣的天气和种种未知的状况，甚至付出生命的代价。尽管如此，在 15 世纪，一群欧洲人依然不远万里，冒着疾病、海难、漫长的海上航行和无法预知的各种风险，驾驶着帆船前往神秘的东方。是什么促使他们如此疯狂地冒险航海呢？主要的动力之一就是获取东方的特产——香料，如胡椒、肉桂、肉豆蔻和丁香等。在欧洲近代以前，香料绝非我们今天所理解的普通肉类调味品，因为它的价值比肉类高得多，香料是当时人们梦寐以求的奢侈品。也正因如此，才会有那么多人为了获得香料，不惜牺牲自己的生命去冒险，甚至发动罪恶的战争。

古罗马人对香料的痴迷

香料早在古罗马时期就对地中海地区的人们产生了巨大的影响。当时的罗马人非常喜爱香料，对他们而言，香料的气味十分特殊，极具魅力。并且，香料可以展示一个人的品位和财富，因为那时香料属于漂洋过海而来的稀有物品，十分昂贵。除此之外，香料也是罗马人葬礼的必备品，他们相信在当时盛行的火葬中使用香料意味着死者的灵魂会浴火重生。可以说，无论罗马帝国的国势如何变迁，罗马人对香料的热爱始终如一。在罗马，为某一个人涂抹香料和供奉香料，意味着这个人的权力与威望很大。罗马人对香料的狂热一路走高，到公元 3 世纪，波斯逐渐控制欧亚之间的贸易通道，垄断了香料贸易，导致香料价格暴涨，甚至可以与黄金等值。按照当时一位罗马学者的说法，罗马帝国每年要花费一亿银币来进口香料，这也成为罗马帝国奢靡无度导致其衰亡的因素之一。

在中世纪，香料在欧洲的应用非常广泛。当时的人们迷信地认为，散发着恶臭的尸体是灵魂堕落的标志。一个人如果有圣洁的灵魂，即使死去，他的尸体也会散发出香料的味道。于是欧洲的基督教会成了香料的最大收藏者，欧洲上层阶级还热衷于将香料用于葬礼。同时，昂贵的香料还成为欧洲贵族阶级显示自己雄厚财力和品位的最佳标志，宴会上各种香料酱汁和加了香料的葡萄酒是绝对的主角。1453 年，奥斯曼帝国攻占东罗马帝国首都君士坦丁堡后，一举控制了亚欧大陆之间的贸易通道，从东方卖往欧洲的香料价格暴涨。在意大利从事香料转口贸易的威尼斯商人每年都可获得 350 万英镑的巨大利益，可以说香料成就了意大利文艺复兴时期威尼斯和热那亚的辉煌。

此时，巨大的利益让无数欧洲人眼红，找到香料和黄金已成为每一个欧洲航海家最直接的动力。在东方香料巨额利润的诱惑下，他们拼命找寻新航线并前往香料源头之地——东方，进而揭开了大航海时代的序幕，促成了一系列地理大发现。

开辟香料之路

最早开辟香料之路的是葡萄牙人，他们占领了大西洋中的亚速尔群岛后，探索出一条到达非洲西海岸的新航线，并在那里找到了一部分产自非洲的香料，以及黄金和奴隶。1484 年，一个热那亚水手莽撞地跑到葡萄牙国王约翰二世面前，希望国王能资助他寻找前往印度的航线，然而遭到了拒绝，因为约翰二世自己热衷于航海并组织过航海探险，他对这位水手“一直向西，向西就可以到达东方”的理论表示怀疑，这位水手就是后来大名鼎鼎的哥伦布。哥伦布转而投向西班牙，他说

哥伦布航海与世界香料贸易圈的形成

哥伦布航海虽然没有到达真正的印度，但他发现了美洲“新大陆”。这条全新航线的开辟带来了世界物种的一次大交流，这次交流被称为“哥伦布大交换”。在交换的物品中，自然也少不了香料。随着世界香料的大交流，在全球逐渐形成了几个不同的香料文化圈。以中国为中心的东亚地区主要是以谷物或豆子等为原材料制成各式各样的酱作为基本调味料，以生姜、胡椒、大蒜、芝麻等为佐料。南亚地区以咖喱和酥油作为基本调味料，以姜黄、胡椒、生姜、豆蔻等作为佐料，形成了咖喱文化圈。西亚基于伊朗、阿拉伯地区、土耳其等饮食文化的融合，多使用辣椒、胡椒、丁香、肉桂、豆蔻、生姜、大蒜等有强烈辣味的佐料，形成了浓烈的辣味圈。欧洲则形成香草文化圈，调味喜用香草、胡椒、丁香等香料，以及橄榄油、藏红花等。而泰国、越南、菲律宾等东南亚国家形成了以鱼酱为中心的鱼酱文化圈，多使用椰子、生姜、胡椒等食材和香料。

服了对航海知之甚少的伊莎贝拉女王，得到了女王的资助。哥伦布其实也是香料的狂热探寻者，他向伊莎贝拉女王承诺可以找到通往盛产香料的印度之路，以便西班牙垄断香料贸易。然而，发现美洲“新大陆”的哥伦布并没有找到西班牙人梦寐以求的香料，只得到了辣椒、玉米、烟草等被哥伦布称为“不知名的香料”的美洲作物。哥伦布最终被西班牙王室抛弃，他的远航也宣告结束，但他至死都认为自己到达了印度。

真正到达印度并得到香料的是葡萄牙航海家达·伽马，他被称为横渡印度洋的欧洲第一人。1497 年 7 月 8 日，达·伽马带着 170 人和 4 艘船从葡萄牙首都里斯本出发，沿着之前已开辟的非洲西海岸航线，到达了非洲最南端的好望角。但是好望角海域巨浪滔天，风暴不断，达·伽马探险船队的帆船排水量不够，根本无法在狂风巨浪中航行，只能贴着海岸行驶，走走停停，非常惊险。大约花了 6 个月时间，他们才正式驶向印度洋，最终于 1498 年 5 月到达印度南部的卡利卡特。当地的人们对达·伽马一行人的到来并不感到奇怪，毕竟半个多世纪以前，中国著名航海家郑和也率船队到达过这里。卡利卡特各种各样的香料让达·伽马一行人眼花缭乱，但尴尬的是他们所带的商品在当地并不值钱，最终他们低价处理了自己的商品后才换取了少量香料，然后就此返航。不幸达·伽马的船队在返航途中爆发疾病，最终于 1499 年 9 月回到里斯本，只带回来很少的香料。

达·伽马的成功激发了葡萄牙人远航印度的热情。1500年，葡萄牙派出了第二支舰队，但这支由13艘船组成的远征舰队并不打算去印度的卡利卡特做正常贸易，而是去占领那里，企图控制香料贸易。当他们到达卡利卡特后，一改之前的文质彬彬，炮击了卡利卡特，占领并洗劫了这座繁荣的城市，由此葡萄牙人开始垄断了印度西南海岸的香料贸易。贪婪的葡萄牙人为了获得更多更稳定的香料来源，继续向东进发，陆续攻占了亚洲最重要的香料集散地马六甲，并于1511年到达梦寐以求的香料群岛（今印度尼西亚的马鲁古群岛，古时以盛产丁香、豆蔻、胡椒等香料著称，被早期的印度、中国和阿拉伯商人称为香料群岛）。通过殖民掠夺战争，葡萄牙不仅控制了东南亚到印度洋的香料产地和航线，还获得了巨额利润。

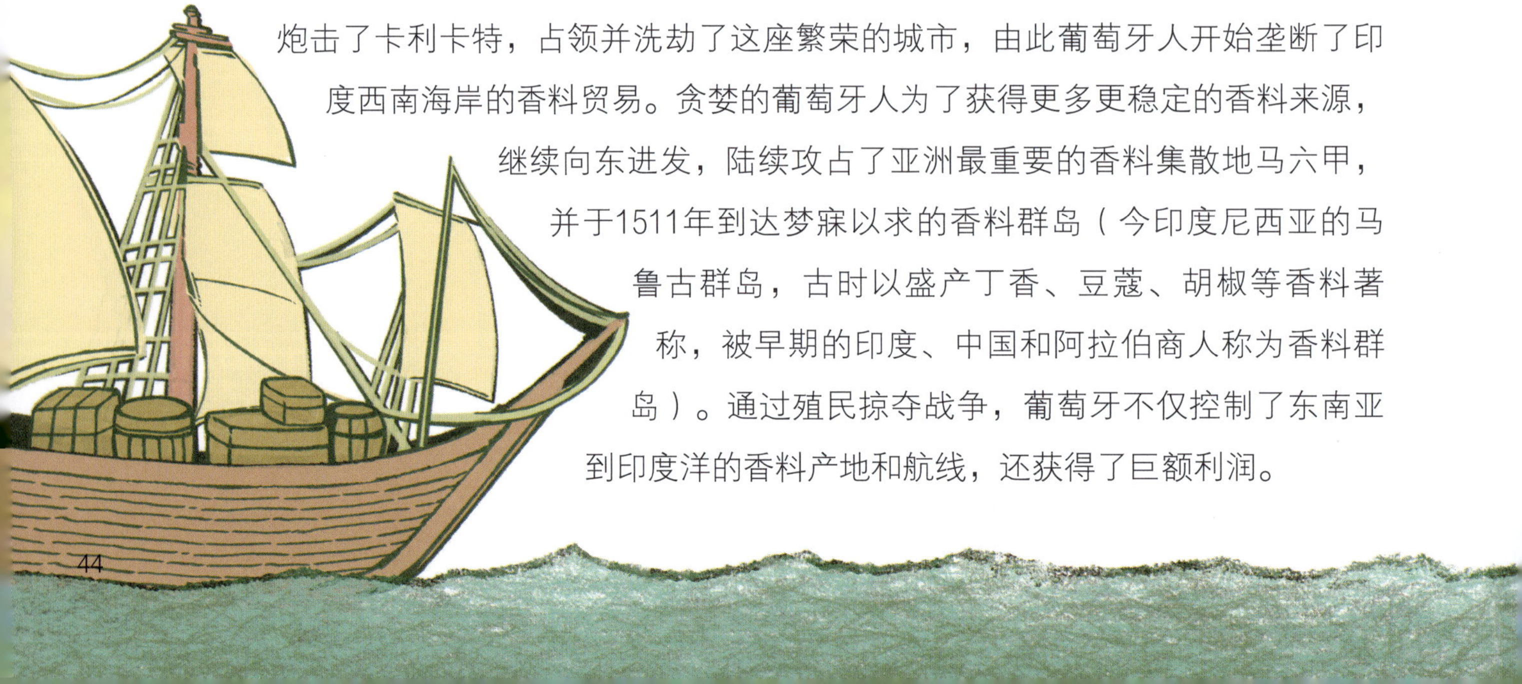

围绕香料贸易的争夺

通过垄断香料贸易获得源源不断财富的葡萄牙遭到了欧洲各国的嫉妒和仇恨，西班牙、法国、英国、荷兰等国纷纷商议试图控制香料贸易，最先得利的是西班牙。1580年1月，葡萄牙国王亨利去世，由于他没有子嗣，王位被葡萄牙王室的亲戚西班牙国王腓力二世继承，这样葡萄牙开创的香料垄断贸易最终成为西班牙的财富。西班牙虽然如愿成为欧洲香料贸易的主宰，但只要香料贸易的暴利存在一天，与香料有关的劫掠和罪恶的战争就不会停止。最终在1588年，英国与西班牙之间爆发了海战，西班牙“无敌舰队”的覆灭标志着西班牙海上霸主地位的丧失。自此，围绕香料贸易的争夺进入了新的阶段。

1600年，英国成立了东印度公司。1602年，荷兰成立了东印度公司，开拓香料贸易。自此，荷兰与英国围绕香料贸易展开争夺，但实力强劲的荷兰东印度公司占了上风，攻占了原属葡萄牙控制的马六甲和香料群岛。荷兰人为了垄断香料贸易，牟取暴利，不惜使用武力，对盛产香料的班达群岛上反抗自己的居民进行了大屠杀，同时还限制香料的产量来获得暴利。

然而好景不长，越来越多的欧洲人认为香料是腐化堕落的象征，医学的进步也让欧洲人不再迷信香料所谓的神奇功效。在欧洲，香料的价格开始大跌。让荷兰人雪上加霜的是，有人将香料的种子带了出去，传播到世界各地。最先是法国人将丁香带到了法属非洲殖民地塞舌尔，随后丁香在非洲的马达加斯加、桑给巴尔等地被种植，产量甚至超过了原产地印度尼西亚的产量。英国人则将肉豆蔻带到了印度次大陆和美洲种植，当肉豆蔻种植园在世界各地建立，肉豆蔻的价格也就一落千丈，香料暴利时代的终结使围绕香料贸易展开的罪恶战争成为明日黄花。今天香料价格低廉，为香料去冒险、流血自然让今天的人们难以想象，但这些真实发生过的事情都将成为记忆，永远存在于人类历史的长河中。

新航路的开辟——全球口味大交流

你能想象水煮鱼这道菜中没有辣椒吗？你能接受没有番茄酱的意大利面以及没有土豆的大盘鸡吗？如果将时光推回到500多年前，那时中国人的餐桌上还没有辣椒、番茄和土豆这些食物。事实上，我们今天所吃的食物和味道都是全球口味不断交流之后的结果。在人类历史长河里，食物的生态交流一直存在，这一交流活动对人类的饮食习惯带来的影响尤为显著，因为食物的种类和数量发生了变化。例如合适的作物或牲畜可以转运到新的环境，使以前完全未开发或低程度开发的广大土地能开辟出适应新物种的农田或牧场。过去过度依赖某些单一食物的人口，如今有多种多样的食物可供选择。凡是生态交流影响所及之处，就有更多的人可以有更多的食物进行选择。在这当中规模最大、最有影响力的全球生态大交流莫过于新航路的开辟，也就是人们说的“哥伦布大交换”，它直接影响了我们今天的口味。

自从地球板块分离形成不同的大洲后，直至新航路开辟前，各大洲的物种各自适应着本地的环境而发生变化，物种间的差异越来越大，使得各大洲的人类饮食也存在着较大的差异。而新航路的开辟使原本相对隔离的区域被海洋航运连接起来，这时各大洲的物种就出现了新的交流与进化。

如西班牙的绵羊来到了南半球；北美的大草原在 17 世纪之前一株小麦都没有，19 世纪才开始种植小麦，但现今已成为全球重要的小麦产地；原产于埃塞俄比亚的咖啡现在的主产地反而在印度尼西亚和巴西；而产于美洲的可可和花生，现在却成了西非地区的主要物产。

值得注意的是，新航路的开辟带来的物种大交换是人类有意识行为的结果，是欧洲殖民者进行殖民活动的产物。其中，哥伦布在这次大交换中起到了很大的作用：他第一次越洋之旅，就带回了玉米、甘薯等作物；第二次横跨大西洋时，他又把甘蔗带到了美洲的海地岛进行种植，还把猪、绵羊、牛和小麦带到了美洲。之后，欧洲殖民者把更多的作物带到了美洲，也把美洲的物种带回欧洲。这些殖民者实际上是想通过

操纵这些交换，把食物生产和劳动力转移到他们想要的地方以获取更大的经济利益，例如他们把制糖业转移到美洲的殖民地，或者在自己的控制下种植利润极高的香料。他们率先享受远程生态交换的好处，进而形成了给他们带来滚滚利润的全球经济贸易，西班牙、葡萄牙、荷兰和英国这些欧洲的殖民者逐渐成了帝国主义者。

在殖民者的推动下，地球的地貌也为了适应新作物的生长而发生了改变。如北美的大草原，过去只有大量野草和食草的野牛，土地坚硬，并不适合耕作。然而欧洲殖民者到来后，他们用枪杀死了大量野牛，甚至残忍地屠杀了草原上的印第安人，最终用现代化的农牧工具改变了草原，使其成为有肥沃土地的农场。今天，北美的大草原已经成为世界最重要的农业生产区，拥有有史以来最发达的农业。

与此同时，欧洲殖民者还从全球收集动植物，将这些来自世界各地的物种放在一起，供人们观察、实验，这也使欧洲发生了科学革命。“哥伦布大交换”带来的世界性生态大交流极大地促成了世界知识和权力的长期转变，即知识和权力的中心向欧洲倾斜，以欧洲为中心的全球经济体系逐渐形成。在几个大洲之间，大量的人口迁移和增长也随之而来。

对大多数人来说，全球生态大交换更直接的影响还是实际吃下的食物的多样化。今天的意大利面因为有了番茄而色彩浓烈，味道可口，很难想象没有番茄的意大利面是什么味道，但实际上番茄来自美洲，是新航路开辟之后才移植到意大利种植。土豆现在是西方菜肴中的重要食材，但在新航路开辟之前，西方人并不知道它的存在。类似的食材还有辣椒，今天看似普通的辣椒在哥伦布到达美洲前，全世界大多数人都不认识这种火辣刺激的佐料。欧美人在过节时常吃的火鸡，单看英文名称“Turkey”可能会让人以为源于土耳其(土耳其的英文也叫“Turkey”)，而实际上火鸡原产于美洲，之前欧洲人从来没有吃过它。这些新食材的出现，还使各地人们的饮食习惯也发生了变化。我们今天所熟悉知的一些耳熟能详、看似悠久的饮食习惯，其实历史并不长，就像中国南方很多省份的人们喜欢吃辣椒的历史其实也不过几百年而已，土豆、玉米、红薯成为世界各地人们主食的一部分，这些都不过是新航路开辟之后的事情。

影响深远的土豆

土豆又称马铃薯，是茄科一年生草本植物，这个看似普普通通、并不起眼的块茎类植物实际在人类历史上影响巨大。当我们提到主食时，大多数块茎和根茎类植物都难以挑战世人钟爱的谷物，而土豆却是个例外。如今它是世界上第四大粮食作物，地位仅次于小麦、水稻、玉米，市场占有率相当高，而且打破了文化界限，深受不同地域人们的喜爱。土豆在食物界拥有如此重要地位，堪称一个完美的逆袭过程。16 世纪之前它还只是产于南美洲的一种默默无闻的农作物，在新航路开辟后，由南美洲传入旧大陆，在短短数百年里就传遍全球，成为人类的主要食物之一。

土豆发源于南美洲安第斯山脉地区，其人工驯化种植的历史大约始于公元前 8000 年的秘鲁地区。驯化土豆本身就是一件很不容易的事情，因为野生土豆或多或少都含有毒素。直至今日，在烹饪土豆的时候一定要把发芽和变绿的部分去除，并且一定要熟透以便去掉土豆中含有的毒性物质——龙葵素。在

1000 多年前的安第斯山脉地区，土豆的年产量就已达到了 3 万吨。在西班牙人入侵之前，安第斯山区已知的土豆品种就多达 150 种，并且土豆是当地印第安人日常的主食。据最初到那里的西班牙殖民者的观察，一半的印第安人除土豆之外没有其他东西吃，这表明土豆以独特的方式一直维系着安第斯山区居民的生活，因为与其他谷物不同，土豆可以在高海拔地区生长。此外，土豆还具有很高的营养价值，几乎可以提供人体所需的一切营养物质，而且产量很高，有人测算过，相同面积的耕地，土豆的产量是小麦的 3 倍。

1533 年，安第斯山区的印加帝国被西班牙殖民者击败，并逐渐被征服，沦为殖民地。西班牙殖民者从那里带回大量白银的同时，也带回了土豆。但土豆在欧洲的传播却遭遇强大的阻力，那就是人们的偏见。由于土豆刚传入欧洲时，外形凹凸不平，颜色也很难看，让人看起来没有什么食欲，还会让人联想到各种疾病，于是当时传播广泛的传染病，如麻风病、软骨病、肺炎等都让土豆来“背锅”，可见当时人们对土豆的偏见之深。土豆作为来到欧洲的新植物默默无闻，只作为牛饲料或供极其贫困的人食用。18 世纪至 19 世纪初，欧洲频繁的战争和大饥荒给土豆带来了极大的机遇，一些国家承认了土豆的营养价值，鼓励并推广土豆的大规模种植。原本在饥

荒中食不果腹的人们，被迫开始吃土豆以填饱肚子，无数饥民的生命得以拯救。对贫困阶层来说，土豆的优势在于不用复杂的烹饪工艺，只需用少量的油和盐加工即可食用。人们还用各种方法将土豆快速做成一道道主菜，因为味道温和的土豆极其适合与各种菜肴搭配，而且它与豆类相比更易消化，也更容易产生饱腹感，因此土豆被称为“穷人的面包”。

国王与土豆

在德国首都柏林郊外的波茨坦有一座墓地，墓地十分朴素，埋葬的却是德国历史上最伟大的君主——普鲁士国王腓特烈大帝。令人奇怪的是，前来拜谒的德国人放在墓碑上的不是一束束鲜花，而是一个个土豆，这与腓特烈大帝当年成功推广土豆有关。为了避免普鲁士王国发生饥荒，腓特烈大帝专门颁布了《土豆令》，要求农民都种植土豆，他甚至还亲自向官员们说明种土豆具有产量高、营养丰富等益处。然而越是加大宣传，关于土豆的各种谣言就越多，农民们仍然抵制种土豆。于是，腓特烈大帝让士兵在柏林郊区开垦了一片地，专门种上土豆，土豆开花结果后就派重兵把守，大家对此十分好奇，觉得被国王当作宝贝的东西一定不寻常，于是就来偷。腓特烈大帝早有预料，命令士兵如果看到有人偷挖土豆，就睁一只眼闭一只眼，装作没看见。结果，这一招果然奏效，有人把土豆偷挖回家自己种。由于土豆种植容易，味道可口，人们百吃不厌。这样一传十，十传百，土豆的种植慢慢得到了普及。在普鲁士政府的推动下，土豆种植几乎遍布普鲁士全境，普鲁士军队的粮食也得到了很好的保障。正是因为腓特烈大帝对推广土豆作出了杰出贡献，所以常常会有人用土豆来纪念他。

最早把土豆作为主食的是爱尔兰人。爱尔兰虽然气候偏冷，但土豆这个外来作物很快就适应了当地的气候环境。在不到 200 年的时间里，土豆就取代了燕麦、乳制品这些旧主食，成为爱尔兰饮食的“中流砥柱”。之后，爱尔兰人口迅速增长，从 1780 年的约 400 万人增加到 1841 年的约 800 万人。但是爱吃土豆的爱尔兰人仍然没能逃过饥荒，1845 年爱尔兰爆发了严重的饥荒，这场饥荒就源于土豆病害——土豆枯萎病。感染疫病的土豆，叶子会慢慢腐烂，然后一点点蔓延到埋在土壤中的块茎里，使整株土豆腐烂发霉。更可怕的是，这种疫病不仅能够通过空气或水进行传播，还能污染土壤，并在土壤中“休眠”存活下来。土豆枯萎病导致土豆产量迅速减少，甚至颗粒无收，农民的辛苦劳作化为乌有，人们连廉价的土豆都吃不起了，很多人因此丧生。这场大饥荒使得爱尔兰人口在 10 年里减少了近 200 万。换句话说，在这场饥荒中，爱尔兰平均每 4 个人中就会饿死 1 个人，这样的死亡率是非常可怕的。最终，这场由土豆引发

的饥荒，激发了爱尔兰人的民族意识。在饥荒中，他们看到了英国殖民者的冷漠无情，因此爱尔兰人要求摆脱英国的殖民统治，走向独立。同时，一大批爱尔兰人逃往美国，现今，美国大概有1700万人是当时爱尔兰人的后裔。虽然经历了土豆饥荒，但时至今日，爱尔兰人仍保持着对土豆的热爱，爱尔兰人均土豆消费量约为119.7千克，全球平均值为32.9千克，在爱尔兰甚至还有关于土豆的谚语——“世界上只有两种东西开不得玩笑，一是婚姻，二是土豆”。

土豆在今天已经是风靡全球的食物，不仅作为菜肴经常出现在我们的餐桌上，而且由土豆加工的制品也随之普及了。我们熟悉的“薯条”就是土豆的制品之一，有意思的是薯条的英文名为“French Fries”，从字面意思上看是“法国薯条”，但实际上，薯条是比利时人发明的，之所以被称为“French Fries”，是因为在第一次世界大战期间，和法国并肩作战的美国士兵喜欢上了法国士兵常吃的这道油炸美食，就将其命名为“法国薯条”。至今，比利时人对薯条仍情有独钟，2020年7月欧盟峰会在比利时召开期间，当时的比利时首相维尔梅斯还专门在社交媒体上晒出一张薯条的照片，表达了比利时人对薯条真挚的爱。

历经艰险来到中国的红薯

在块茎类植物中，如果说土豆是西方人的最爱，甚至是重要的主食，那么在中国这种既可以充当主食，又深受人们喜爱的块茎类植物莫过于红薯了。在中国，红薯的吃法多种多样，最常见的除了烤红薯、蒸红薯外，还有把红薯晒成干，作为零食吃，或者将红薯磨成粉后再制作成食物等。如今，除水稻、小麦外，红薯与玉米并驾齐驱，都是中国人爱吃的粮食作物。值得注意的是，红薯也并非最早产于中国，它和西方人喜爱的土豆一样，都是地地道道的舶来品，它们都来自美洲。

红薯起源于尤卡坦半岛到奥里诺科河之间（今墨西哥和委内瑞拉之间）的地区。大约在 5000 年前被美洲的印第安人驯化，成为当地人的食物。在哥伦布发现美洲大陆后，1526 年，红薯被西班牙人从西印度群岛引入西班牙，再从那里传入意大利，又从意大利传到奥地利、德国、比利时，最后传入英国。但是红薯在欧洲的传播速度比较缓慢，因为在一段时期内它与土豆一样受到人们的误解，被认为含有毒素。对这些新作物感兴趣的首先是当地的医药学家和植物学家，他们并不是想食用这些作物，而是为了寻找新药。16 世纪往返于美洲和非洲的贩奴船增多，耐储存的红薯成为船上贩卖给奴隶的食物，因此红薯借助贩奴船传入西非沿海并逐渐普及到非洲各地，并通过印度洋传入印度。同时期，西班牙水手把红薯携带至菲律宾的马尼拉和摩鹿加群岛进行种植，再渐渐传至亚洲各地。到了 17 世纪，红薯在西班牙的种植面积才有所扩大，但在整个欧洲，由于饮食习惯和地理条件限制，红薯始终不如土豆那么普及，但红薯征服全球的步伐并没有停滞。

红薯传入中国也并非一帆风顺，甚至还费了点周折。

在中国，有关红薯的最早记载是在 16 世纪 60 年代，地点是云南靠近缅甸一带。在明万历四年（1576 年）成书的《云南通志》中，就有临安、姚安、景东、顺宁四府种植红薯的记载，书中提及了红薯的名称，但是可惜没有详细的记载。有人推测来自美洲的红薯可能是循陆路自南而来，来到中国云南。除了云南这条线路之外，还有两条传入中国的路线。一条是从安南（今越南）引入的。相传在明朝万历年间，广东东莞人陈益来到安南，当地酋长热情招待陈益，上的菜里就有红薯。陈益品尝后，感觉红薯美味可口并且可以增加饱腹感，于是就想将红薯带回广东种植，并向当地人打听了栽培方法。当地人看出了陈益的想法，但酋长却视红薯为宝贝，不允许他带回去，陈益想尽一切办法，最终得到了红薯，并冒着生命危险将红薯偷偷带回。但是，陈益并没有完全了解红薯的栽种方法，只能将其埋在土里，不久红薯就长出了嫩芽，伸出了长长的薯藤。一天，陈益家的仆人见到薯藤，非常好奇，就用手将那根薯藤拉出来，随手一掐，谁知嫩嫩的薯藤一下子被掐断了，仆人一时惊慌失措，生怕被陈益责怪，连忙将那根掐断的薯藤重新插回土里。没想到不久，那根插在土里的断薯藤又发出了新芽，仆人没办法，这才交代了之前的事。陈益听到后大喜，不但没有责怪仆人，还赞其帮了大忙，由此

他才真正掌握了红薯的种植技术。随后，在陈益的推动下，在广东逐渐推广种植，陈益也因此被称为“中国引种番薯第一人”，他的事迹被后世传颂。

红薯进入中国的另一条路线来自东南亚。明朝万历年间，一个名叫陈振龙的福建人，因屡次科举不顺，最终放弃科举，赴海外经商。当时福建商人与菲律宾商队贸易往来较为密切，大批福建商人前往菲律宾的吕宋岛，其中就有陈振龙。16 世纪的菲律宾正处于被西班牙殖民时期，西班牙殖民者已在吕宋岛推广种植一种叫“巴塔塔”的农作物，这种作物受到当地人的欢迎，既美味又可以充饥，这种作物就是大家后来熟知的红薯。陈振龙想到老家经常因为各种旱涝灾害影响收成，导致粮食不足闹饥荒，就想把这种作物带回家乡种植，用以抵御灾荒，他说服了当地人，得到了几尺长的红薯藤。当时西班牙殖民者视红薯为重要物种，禁止带出，于是陈振龙将其藏在箱子里，但遗憾的是被人发现了。随后，他又将红薯藤藏在抬货的竹杠之内，但仍然被发现并没收了。最后，陈振龙想出了一个主意，将红薯藤和固定航船的缆绳绑在一起，在上面涂上泥巴，西班牙人检查时未发现，最终顺利蒙混过关。就这样，红薯历经艰险被引入国内，迅速成为广受人们欢迎的农作物。

红薯的引入给中国历史带来了巨大的影响。红薯的生命力极强，除个别海拔特别高的地区外，无论山林还是平原，土地贫瘠还是肥沃，红薯都可以顽强生长，而且产量极高。在明清时期，主要种植的粮食作物一般为小麦和水稻，北方小麦一年一季，亩产量200~300斤；南方水稻一年两季，亩产500~600斤。然而红薯亩产量最高可达4000斤，最低也有2000斤。红薯、玉米以及土豆等美洲作物的引入，逐渐在中国引发了食物革命和人口革命。古代中国虽然算得上世界上人口比较多的国家之一，但是很多时期人口都不到一亿。在红薯进入中国以后，红薯种植的迅速推广和红薯的高产量满足了人口增长对粮食的需求，使当时明朝的人口突破了一亿。随着清朝康熙时期政府大力推广红薯种植，到了乾隆时期，中国人口已突破3亿，红薯对此可谓功不可没。直至今天，中国仍然是世界上最大的红薯生产国，红薯也仍然深受人们的喜爱。

来自“新大陆”的神奇物种——玉米

玉米，是大家非常熟悉的一种农作物，很难想象在上万年前它还只是一种野草，直至约 9000 年前，生活在美洲墨西哥地区的人类将这种叫大刍草的野生草进行了驯化，经过人工选育和漫长的改良，才有了今天的玉米。

“美洲之神”

玉米的老家在美洲，在当地印第安人的心中，玉米享有极高的地位，因为它是古代当地重要的粮食作物，其影响一直延续至今。印第安人的生活与玉米种植息息相关，因为玉米的丰收与否对印第安人的生活有着巨大影响，因此在他们心目中，玉米是庄严的形象，是神灵的象征，他们把玉米图案绘制在陶器、墙壁和衣服上。在秘鲁，还流传着“太阳的儿女”卡巴克和奥伊罗的传说故事，故事中他们既是兄妹，又是夫妻，每到一地就安家落户，繁衍子孙，最后人们把这美丽而动人的名字赋予了雌雄同株异花的玉米。在墨西哥，传说中特拉洛克神就是印第安人崇尚的玉米神，玉米崇拜被认为是墨西哥最重要的文化现象之一，广义上来说，玉米就是“肥沃之神”“雨水之神”“丰收之神”。墨西哥民间还有许多关于玉米的神话和传说，都是将人类的起源与玉米的发现连在一起的。有的传说认为，在远古时代，克特萨尔科亚特尔和特兹卡特里波卡等诸神在反复争斗中创造了世界和人类，在第五个太阳普照大地的时候，人类才从吃树木果实和植物发展到食用玉米。有些印第安部落甚至以玉米为名，称为“玉米族”。充满神秘色彩的玛雅文化也被称为“玉米文化”，在玛雅人的神话中，人的身体就是造物主用玉米做成的，因为这样的人比原来用泥和木头做的人要好许多，不容易损坏，最重要的是有心脏，因此就有情感，能够赞美和颂扬创世神灵。时至今日，人们仍然把当地的印第安人称为“玉米人”。危地马拉作家、诺贝尔文学奖获得者阿斯图里亚斯的长篇小说《玉米人》，写的就是印第安人在现代社会的遭遇。

玉米的传播

1496 年哥伦布第二次航海归来时，把在美洲发现的玉米穗作为珍贵物品赠送给西班牙国王，之后随着 16 世纪新航线的开辟，玉米开始了它的环球旅行。第一条线路：随着地中海的航船，玉米被带到葡萄牙、意大利，传遍了欧洲和北非；第二条线路：通过地中海沿岸的商业往来，玉米从非洲北部的突尼斯传入埃及、苏丹、埃塞俄比亚；第三条线路：玉米传入亚洲，通过陆路从土耳其经伊朗、阿富汗传入东亚。

不过在欧洲，玉米并不受待见，起初只是一些贵族拿来作为庭院观赏植物，人们觉得玉米不好吃，通常用来喂猪和喂牛。但由于连年的饥荒和玉米良好的食用价值，到 16 世纪中期，玉米才在全世界传播开来，迅速成为世界上仅次于水稻和小麦的主要粮食作物，为人类的生存和发展作出了重要贡献。

在中国，最早记载玉米的时间也是 16 世纪。当时外国人把玉米穗作为进献给皇帝的礼物，因此玉米有“御麦”之称。据传玉米进入中国的途径主要有两条：一条由陆路从欧洲经印度传入西藏、四川，或从麦加经中亚传入中国西北部，再传至内地各省；另一条由海路传入，先在沿海种植，然后再传到内地各省。明代李时珍在《本草纲目》里记载：“玉蜀黍种出西土，种者亦罕……苗心别出一苞，如棕鱼形。”书中还绘制了一幅玉米植株的图。

玉米的引进，解决了当时的一些社会问题，特别是满足了日益增长的人口对粮食的需求，因为玉米具有土壤适应性强、耐饥、饱腹感强等优点，不仅可以做成面、饭，还可以酿酒、熬糖。玉米除了可以作为人的粮食作物外，还可以作为猪、羊等牲畜的饲料，因此深受大家的喜爱。在中国，人们还会将玉米做成挂件挂在屋中，玉米挂件有多种寓意：一种是子孙满堂，玉米由一粒种子长成一粒粒整齐饱满的玉米粒，一个玉米有几十甚至上百个玉米粒，玉米粒填满整个玉米穗寓意着子孙满堂；第二种是岁岁平安，从外观上看，玉米有许多穗须，而穗与“岁”同音，加上玉米穗丰满柔美，所以寓意岁岁平安；另外，玉米还有招财进宝、金玉满堂等美好寓意。

玉米在经历了四百多年的环球旅行后，终于在适宜生长的地方安家落户，成为全球主要的粮食作物之一。随着现代科技的发展，杂交玉米和各种新品种玉米相继出现，为人类的日常生活增添了更多的味道。玉米，这一来自“新大陆”的物种，以其奇妙的旅行经历出现在世界不同的土地上，生根发芽，玉米在食物史上留下了浓墨重彩的一笔。

充满争议的番茄

番茄，又名西红柿，是一种大家非常熟悉的食物。它具有酸甜可口、营养丰富的特点，因此深受全世界人民的喜爱。然而看起来人见人爱的番茄，在历史的长河中却充满争议，这些争议甚至影响至今。

圣女果也是番茄吗?

大家在超市里面有时会同时看到小小的圣女果和大大的番茄，它们颜色相近，或红或黄，味道也差不多。实际上，圣女果和番茄是“一家人”，细说起来，野生番茄可要算是番茄的祖先了。番茄起源于南美洲的安第斯山区，也就是今天的智利、厄瓜多尔和秘鲁一带。我们现在食用的番茄都是由野生番茄驯化来的，而野生番茄，个头小小的。圣女果其实也是从野生番茄驯化而来的，成为我们今天日常食用的小番茄，可以说圣女果和最原始的番茄相似。公元 700 年左右，美洲的阿兹特克人就已经开始培育和食用番茄了。在西班牙殖民者来到美洲之前，番茄的驯化就已经相当成熟了。

番茄有毒，还是无毒？

番茄是否可以食用？对于这个问题，大家也许会觉得很奇怪，历史上人类确实有过这样的担心，以至于番茄被长时间排除在人类的食物之外。在番茄的老家美洲，当地人把它称为“狼桃”，因为它虽然艳丽诱人，但就像有剧毒的蘑菇一样，人们怕中毒，所以只欣赏它的美丽而不敢吃它。在相当长的时间里，番茄都只是一种种在花园里的观赏性植物，而不是食物。

16 世纪新航路开辟后，西班牙人将新发现的作物带回欧洲，其中就有番茄。据说，16 世纪英国有位公爵在南美洲旅游，很喜欢番茄这种观赏植物，于是将番茄带回了英国，并将当时欧洲人没有见过的漂亮番茄作为爱情的礼物献给了情人伊丽莎白女王，以表达爱意。这一举动引发了轰动，番茄又有了新的名称“爱情果”“情人果”。但是由于番茄适宜温暖湿润的环境，欧洲的气候并不适宜其生长，加之当时的欧洲人认为番茄是一种有毒的植物，因此，从 16 世纪初到 17 世纪末的约 100 年中，番茄在欧洲都只是被当作观赏植物或装饰物，这一切直到一位英雄的出现，才改变了番茄的命运。在 18 世纪，法国有位画家看到番茄如此诱人，便萌生了一种“敢为天下先”的念头，想要尝尝它到底是什么滋味，于是他鼓足勇气，一咬牙一跺脚，冒着生命危险吃了一个，吃到嘴里觉得甜甜的、酸酸的。他禁不住又多吃了几个，然后整理好衣服，躺在床上，等待“死神”的降临。可是，他等了一天又一天，“死

神”并没有光顾他。之后他兴高采烈地把“番茄无毒可以吃”的消息告诉了亲朋好友。不久，番茄无毒的消息传遍了整个西方，人们知道了番茄的食用价值，便纷纷把它从花园挪到了自家的菜园。

1812 年，番茄首次作为商品出现在意大利罗马的市场上，1853 年出现在美国波士顿的市场上。到了 19 世纪后期，欧洲人才开始大规模使用番茄做底料来配制意大利面和其他菜肴的酱汁。在吃面包、意大利面、比萨饼、薯条、汉堡等食物时加入番茄酱，这种吃法逐渐成为欧洲人的最爱。1804 年，法国人发明了瓶装食品保存技术，瓶装番茄酱开始普及。番茄酱传到美国后，美国人将其改良后作为调味酱汁。1876 年，蔬菜商人亨氏主张生

番茄是蔬菜，还是水果？

关于番茄是蔬菜还是水果这个问题，历史上发生过多次争论，最著名的莫过于 1893 年发生在美国的“尼克斯诉赫登案”。1893 年，约翰·尼克斯等商人从国外贩运来一批番茄，准备在美国的商场里出售。但是当他们将番茄运到美国纽约港口准备入关时，却遇到了一个问题。按照美国 1890 年《麦金莱关税法》的规定，进口蔬菜需要缴纳 10% 的关税，而进口水果不需要缴纳关税。几个商人不想为番茄缴纳高额的关税，便向税务官赫登提出，番茄属于水果，不需要缴税。但赫登认为番茄属于蔬菜，并根据关税法向商人强行征收了税款。于是尼克斯将税务官赫登告上法庭，要求被告归还被强行征收的税款。在该案庭审过程中，关于番茄到底是蔬菜还是水果的问题，引发了法官的讨论。美国最高法院最终裁决结果是：番茄是蔬菜，理由是番茄在那时被广泛用于烹饪。番茄属性的争议也反映出番茄的美味之处，无论是生吃还是煮熟当菜吃都很美味。

产无色素、无防腐剂的番茄酱，于是提炼了西红柿的酸味制成色泽鲜艳的番茄酱。今天我们吃到的番茄酱仍然是按照这样的标准制成的。

随着欧洲人的殖民扩张，番茄又被带到北美洲、加勒比海及东南亚，之后才传入亚洲。据说在美国第一个种植西红柿的人是《独立宣言》的起草者——美国第三任总统托马斯·杰斐逊。番茄漂洋过海来到中国大概是在明朝万历年间，明代《群芳谱》中有记载："番柿，一名六月柿，茎如蒿，高四五尺，叶如艾，花似榴，一枝结五实或三四实……草本也。来自西番，故名。"番茄在那时被称为"番柿"，因为它的外形像柿子。番茄传入中国虽然已有 400 多年历史，但真正的广泛种植却在清朝末年，至今不过 100 多年，但迅速普及，成为中国人饭桌上不可或缺的食物。

总之，早期的番茄无论在西方还是在亚洲，都只是作为观赏植物被种植，后来才零星作为食用作物栽培。但番茄的美味一旦被发现，就迅速征服了世界。到 20 世纪时，番茄作为重要的蔬菜在全世界广泛种植，今天已是全世界产量和销量最大的蔬菜之一。

无辣不欢

在中国传统的五味“酸、甘、苦、辛、咸”中，“辛”指古代中国人饮食中的辣，这些味道被记载在《黄帝内经》中，距今已有2000多年。就像“辛”本身作为一个代表痛苦的字（如辛劳、辛苦）一样，它并不是一种味觉，而是一种痛觉。辣的产生是因为辣椒中含有一种名为辣椒素的独特成分，它作为辣椒的活性成分，并不会刺激味蕾，尝起来也没有味道，但会让人产生一种灼热的痛感。因此比赛吃辣，实际上比的是人们忍受疼痛的能力，而吃辣可以提高这种能力，通过锻炼来培养人的忍耐力。食用过辣的食物会令人头昏目眩，产生灼烧感、麻痹感，以至于古代有种说法认为辣椒有毒。尽管辣给人带来了很多不适，但这种灼烧感和疼痛感却令古往今来的人们如痴如醉，甚至有人“无辣不欢”。

古代的辣

大家提及辣，可能都会想到辣椒，但辣椒其实不过是近几百年才成为人类辣味的主角。与现代人一样，古人很早就

喜欢辣味了，但在辣椒出现之前，在中国古代要想享受辣味，就需要其他辣味食物，比如茱萸、花椒、姜、蒜、山葵之类。我们学过唐代诗人王维的一首诗《九月九日忆山东兄弟》，其中就有“遥知兄弟登高处，遍插茱萸少一人”的句子，这里的“茱萸”就是古代带有辣味的“三香”之一。在宋代，中国的菜系分为北食、南食和川饭，其中川饭以麻辣为主，与现在的川菜类似。在辣椒传入中国前，茱萸承担着辣椒的角色，是川饭辣味香料的主要来源之一，古代的四川人称其为“艾子”。至明代中叶，茱萸已成为四川食物中广泛使用的调味品。《本草纲目》中记载：“食茱萸味辛而苦，八月采，捣滤取汁，入石灰搅成，名曰艾油，亦曰辣米油。味辛辣，可入食物中用。”在中国历史上，茱萸长期扮演着十分重要的辛香角色，是五味中“辛”的主要来源。除了茱萸，花椒在中国人追求辛辣的道路上也扮演着不可或缺的角色。早在两千五百多年前的《诗经》中就有用“椒聊之实，蕃衍盈升”来描绘花椒的麻辣味的诗句。除了茱萸和花椒，生姜、大蒜、葱、芥末、山葵、胡椒也都是古代中国人追求刺激口感的常用香料，在辣椒未传入中国时满足着人们吃辣的需求。

在其他地区，辣味也同样受到欢迎。4000 多年前，古埃及人在建造巨大的金字塔时，劳动者吃的食物中就包含洋葱、大葱和大蒜这类辣味食物。古希腊人将大蒜视为与神灵有密切关系的蔬菜，每逢新月之夜在十字路口堆放石头，在石头上放很多大蒜，试图借助大蒜与人死后的世界沟通。在中世纪，大蒜还被视为万能的药物，能治疗各种疾病。起源于波斯的洋葱作为另一种辣味食物，也被古代人类广泛使用，古代人们喜欢将洋葱生吃，以保持辛辣的口感。此外，芥末也是古代重要的辣味食材，在古埃及、古希腊、古罗马以及中世纪的欧洲等其他地区都可以看到芥末的身影。

后来居上的辣椒

辣椒——辣味界的新秀，对世界历史产生了极大的影响。新航路开辟后，它以独特而强烈的味道很快“征服”了“旧世界”的辣味文化。

辣椒原产于美洲的秘鲁地区，直到今天，秘鲁仍是辣椒栽培品种最丰富的地区。在古代美洲，特别是玛雅文明中，辣椒不仅可以做菜，还是治疗疾病的良药。1492 年哥伦布发现“新大陆”后，辣椒作为香料被带往欧洲，继而传遍全世界。辣椒首先传入意大利，后又陆续传入英国、德国等国家。在辣椒刚传入欧洲时，由于味道过于辛辣，并没有得到普及，主要用于观赏。后来，人们对辣椒品种进行了改良，随着甜味辣椒的出现，辣椒才开始受到欧洲人的喜爱。辣椒也被欧洲的殖民者带到了印度，这要归功于葡萄牙人在印度洋上建立的殖民商业网络，印度逐渐成为辣椒传播的新中转站。一方面，辣椒沿着陆上丝绸之路传到中东；另一方面，沿着海上丝绸之路传到东南亚、南亚等地区。16 世纪末，辣椒开始传入东南亚和中国。辣椒传入中国主要有两条途径：一是通过葡萄牙人传入中国，二是通过西班牙人传入中国。与此同时，辣椒也经由葡萄牙人之手传到日本，被日本人称为“南蛮胡椒”。17 世纪，辣椒又从日本传到朝鲜，朝鲜人把辣椒叫作“倭辛子”，因为他们曾一度以为辣椒源于日本。

辣椒传入中国后，最开始也是被作为观赏性植物栽培，过了近两百年，直至清朝康熙年间才逐渐进入中国饮食。但是当时食用辣椒的范围很小，仅限于贵州东部及与湖南交界的山区。最早的辣椒食用记录出现在康熙六十年（1721 年）贵州《思州府志》中。至于为什么食用辣椒首先发生在贵州，据说是因为当时贵州地区盐比较紧缺，当地有“以辣代盐”的说法。为什么这些地区的人们嗜好辣椒？有人认为，由于这些地区长期粮食紧缺，人们形成了少肉食、多蔬菜、重调味的饮食习惯。自康熙末年以来，历经雍正、乾隆两朝，贵州各地已经普遍食用辣椒了，与贵州相邻的云南镇雄县和湖南辰州府也开始食用辣椒。东部沿海地区也出现了零星、不成片的食辣习俗。清朝嘉

庆年间以后，贵州、湖南、四川、江西等省开始普遍种植辣椒，辣椒在中国西南地区迅速流行起来。到 20 世纪初，形成了一个以贵州为地理中心，北至陕西汉中，南至广西柳州，东至浙江衢州，西至藏区的“重辣区”。俗话说“湖南人不怕辣，贵州人辣不怕，四川人怕不辣”，这种嗜辣风俗的形成其实不过才几百年而已。

由于当时辣椒在中国南方山区的农民中颇受欢迎，因此辣椒被打上了“穷人的副食”的烙印，以至于在重辣区城市（如成都、长沙）的富裕阶层中，辣味饮食被视为一种贫穷的饮食习惯而遭到他们的拒绝。1911 年辛亥革命爆发后，社会各阶层的饮食格局发生了变化，重辣区乡村中的富农和地主也已养成吃辣的习惯。此时，辣椒已成为社会各阶层都喜爱的食物，开始渐渐融入中国人的生活，成为中国饮食文化的重要部分。

今天，全世界培育的辣椒已达到 300 个品种，从温和的甜椒到辛辣的“魔鬼辣椒”，辣椒已遍及全世界人们的餐桌，成为人们日常饮食中很常见的食物。辣椒伴随着人类对辣味的热爱继续扩张着饮食世界的版图，东南亚的辣味调料、中国的川菜和湘菜、韩国的泡菜、美国的红辣椒酱等，共同构成了当今世界的辣味。爱吃辣椒的人对它们欲罢不能，无辣不欢；不爱吃辣椒的人对它们嗤之以鼻，认为辣椒破坏了食物原本的味道。但是人类的舌尖已经离不开这种浓烈又热辣的辣味刺激了，它深深地影响着我们的饮食文明。

糖——改变人类历史的食物

不论是人，还是昆虫等动物，都很喜欢甜味。因为甜味意味着可以获取糖分，而糖分是维持生命的营养之源，特别是在人体血糖值降低时，人就会被强烈的饥饿感折磨，从而产生获取糖分的冲动。人类常常沉迷于甜味的诱惑，有难以抑制的冲动，在本能的驱使下，就不断地向自然界寻求甜味，因此，甜味被称为“欲望之味”。甜味不仅可以给舌头带来满足，还可以中和酸、咸、苦等味道，更重要的是它可以给人类带来欢愉感，就如人们把快乐称为“甜蜜”，把讲话时勾起对方甜蜜情绪的行为称为“甜言蜜语”。

真正意义上满足人类对甜味需求的是甘蔗中的蔗糖。甘蔗，一种高大的禾本科植物，在公元前 300 年被驯化为作物，并以极其缓慢的速度向外传播，历经百年，甘蔗才逐渐传到中国、日本和中东地区。中东地区的阿拉伯人是最早大规模种植甘蔗的，埃及所产的蔗糖曾经被视为世界上最好的糖。在中国，汉武帝时期从越南、缅甸、印度等地引进了甘蔗。三国时期，魏、蜀、吴都曾在自己的统治区域种植甘蔗，其中诸葛亮在征服孟获后便在云南实行屯田，甘蔗也是诸葛亮屯田的重要作物之一。

糖与欧洲殖民者的罪恶

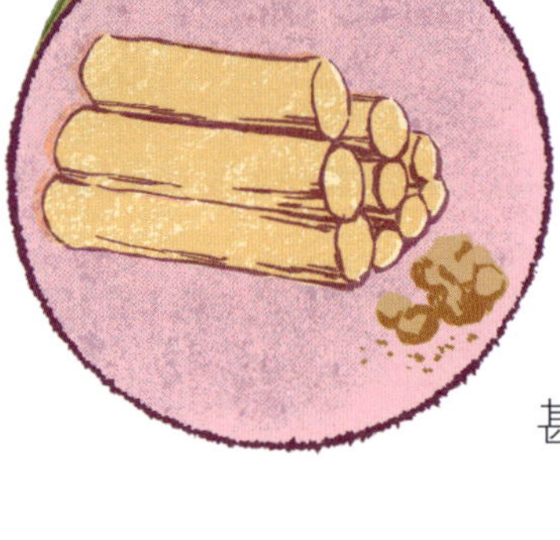

欧洲人嗜甜，但接触甘蔗较晚，直至中世纪十字军东征的时候，欧洲人才接触到这种植物。蔗糖被欧洲人视为具有异域风情的调味品，被人们疯狂地追求，加之欧洲不适宜种植甘蔗，糖的贸易有利可图，引发众人的贪婪与暴力，甚至改变了人类的历史。因此人们把因蔗糖而引

最早的甜味来源

甜味可以从众多食材中获取，人类最早的甜味记忆来自母乳中的乳糖。早期人类在自然界中获取的最甜美的食物莫过于蜂蜜，在古希腊和古罗马时期，人们曾为了蜂蜜四处奔波，甚至不惜发动战争。由于早期人们的养蜂技术并不成熟，蜂蜜的产量也不高，因此蜂蜜价格十分昂贵，于是人们转而从植物中寻找甜味。在古代日本，人们喜欢从柿子或柿饼中获取甜味。而在地中海地区，人们则从无花果和无花果干中获取甜味。古代奥林匹克运动会的选手曾用无花果干作为重要的能量来源，无花果的甜味可以为选手们带来无穷的活力。但是仅凭自然界中的植物产生的果实来提供甜味，显然不能满足人们的需求，于是人工制糖产生了。中国是世界上最早开始人工制糖的国家，我们的祖先在酿酒的过程中发明了制糖的工艺，《四民月令》中就有明确记载如何制作饴糖："十月先冰冻，作凉饧，煮暴饴。"饴和饧指饴糖，就是大家熟悉的麦芽糖，由麦芽加工熬制而成，是中国人祭祖、祭神的主要祭品，在蔗糖大规模普及之前，也是中国人甜味的主要来源。

发的世界范围内的变化称为"蔗糖革命"。

最早控制欧洲蔗糖贸易的是中世纪后期的威尼斯人。当时威尼斯的贸易商动用庞大的船队和海军，加上密布在地中海地区的要塞，控制了通往中东地区蔗糖产区的航线，垄断了欧洲的蔗糖贸易，蔗糖高昂的价格使威尼斯人赚了个盆满钵满。15 世纪随着奥斯曼帝国的兴起，他们夺取了中东地区后，欧洲蔗糖的来源被切断，欧洲人不得不开始寻找新的蔗糖产地。

伴随着新航路的开辟，葡萄牙人首先在距离非洲不远的大西洋岛屿上开辟了新的甘蔗种植点，在圣多美岛，蔗糖的生产发生了可怕的变革。甘蔗一旦被收割，就需要迅速榨汁、煮干，精制成砂糖，否则容易流失汁液和变质，因此所有农场都设有制糖厂。甘蔗的生产模式急需劳动力，从甘蔗收割、榨汁到制糖都需要大量劳动力参与，为此葡萄牙人奴役非洲的大量黑人，去甘蔗种植园里耕作。16 世纪，甘蔗被移植到葡萄牙在美洲的殖民地巴西，在那里甘蔗种植园迅速增加，巴西的"糖时代"就此拉开帷幕。16 世纪后半叶到 17 世纪中期，欧洲消费的糖半数以上都来自巴西。与此同时，欧洲国家为争夺适宜种植甘蔗的土地，争相扩大帝国势力，纷纷建立殖民地种植甘蔗。

随着甘蔗的大量种植和生产，糖的价格越来越低，人们进入滥用甜味的时代。

1650 年前后，糖成为象征欧洲权贵阶层的贵重品，是富裕阶层的奢侈品。到 1850 年前后，糖不再是奢侈品，开始渗透到欧洲平民百姓的生活中。但在越来越便宜的糖的背后是越来越多黑奴的血汗与尸骨，大量的非洲黑人沦为奴隶，奴隶贸易的规模不断扩大，

最早的工厂——甘蔗园

一提起最早的工厂，大家可能会想到英国在工业革命时期出现的工厂，但实际上最早的工厂是殖民者在美洲建立的甘蔗园。工厂是资本、机器和劳动力三者的结合，其中分工是关键，这样才能生产效率高，产品品质好，收益增加。17 世纪的大西洋岛屿和美洲加勒比岛屿的甘蔗园，就充分体现了现代工厂的特征。一座甘蔗园大概有 200 名奴隶，还有压榨机、蒸煮室、加工处理室、朗姆酒（用甘蔗汁做的酒）蒸馏室、仓库以及数千英镑的资金。甘蔗园里的黑奴工人各司其职，协调着彼此的工作。甘蔗成熟时，有人尽快砍下，有人用车将砍下的甘蔗运到糖厂，有人不断将甘蔗放进压榨机，有人将蔗渣运走，有人给蒸煮的炉子添加燃料。整个生产过程时间紧迫，工人们齐心协力，就像运转良好的机器上的众多零件，一同构成了庞大的制糖“机器”。这些在甘蔗园生产出来的糖就是最早的工业品，是奴役数十万奴隶血汗转化的甘甜。

他们被视为廉价的劳动力和榨糖机器的部件，生活状况极差且工作时间超长。甚至当黑奴的胳膊被榨糖机器卡住时，残忍的种植园主会命令监工直接用刀斧砍掉他们的胳膊。仅以英国为例，1701 年到 1800 年，英国就贩卖了 253.2 万名奴隶。奴隶们维持着牙买加 700 多座甘蔗种植园的生产，给英国带来每年 300 多万英镑的蔗糖收入，但繁荣的背后是奴隶们在甘蔗种植园极高负荷地劳动。一位美洲的学者感慨道："糖这样的东西，这么甜，这么为人类生存所必需，竟会引起这样的罪恶和杀戮，实在令人奇怪。"

糖带来的新饮食风俗

当糖产量不断提高，越来越多更加便宜的糖使欧洲人渐渐吃上瘾，于是有了更多新的与糖相关的饮食方式，进而引发了欧洲人的"餐桌革命"。首先是欧洲人在菜里面加糖，但这并不算革命，因为中世纪就有这样的习俗。其次是加糖的热饮在欧洲兴起和普及，这是一场真正让糖转型为最受世人喜爱的产品的革命。最先出现的是热巧克力，随后是加了糖的咖啡和茶，糖成为 17 世纪引领这些热饮的先锋，所到之处，这些热饮就随之流行开来。19 世纪中叶，随着咖啡、可可、茶和甘蔗生产量的加大，加糖的茶、咖啡和热巧克力不再是上流社会的专享，而成了劳工充饥提神的大众饮料。随后出现了许多与糖相关的食物，比如各种蜜饯、甜点和果酱，都添加了大量糖分，加了糖的咖啡、红茶，涂了果酱的面包、蛋糕开始成为欧洲平民的标准化早餐，这种简单又暖身的新饮食风俗在大众之间普及开来，随之而来的是人们对糖的消费量的激增。据统计，1600 年英国人均糖消费量为 400~500 克，到 18 世纪已增长到约 7000 克。1900 年，英国人摄入的三分之一卡路里都来源于糖。

今天，人类对糖的依赖有增无减，糖继续"称霸"人类的味觉世界，食物中无处不在的糖给人类带来甜蜜的同时是更多的社会问题，使人上瘾的糖带来的并不是健康，而是肥胖、龋齿、糖尿病和心脑血管等疾病，如何既能享受甜味又能避免让人成瘾，已成为今天人类共同面对的难题。

充当过货币的巧克力

巧克力是今天风靡全球的一种甜食，大家很容易在超市或商店里看到琳琅满目、口味各式各样的巧克力制品，它是人们十分喜爱的食品之一，甚至在一些文化中还被认为是表达爱情的物品。大家可曾想过美味的巧克力是怎样产生的，它经历了怎样的历史才走进我们今天的生活呢？事实上，巧克力一开始并非今天大家看到的固态样子，而是一种只有贵族和战士才能享用的高档饮料，甚至它还曾充当过货币。

在中美洲地区生长着一种被称为可可的植物，这种植物所结的果实叫可可豆，是制作巧克力的主要原料。可可豆的食用历史可以追溯到建立美洲第一个文明的奥尔梅克人，之后他们将这种饮食习惯传给了玛雅人。一开始，可可豆被加工成饮品，用青绿色的可可豆发酵而成，这就是最早的巧克力饮料。不过有别于今天香甜的巧克力饮料，当时的巧克力饮料口味奇特，让人难以接受。因为当时人们会在可可饮料里加入红辣椒、胭脂树种子等当地特有的调味料，有时也会加入玉米汁，用来使可可饮料变得浓稠。

这种味道极其怪异的巧克力饮料被当时美洲的人们视为兴奋剂、致幻饮料。战士们希望借助可可豆中的可可碱，让自己在战场上骁勇善战，甚至有人饮用这种饮料时还搭配食用具有致幻成分的墨西哥蘑菇，在某些宗教庆典上增加魔幻色彩。这种饮料还被用作治疗焦虑、发烧和咳嗽的药剂。在玛雅文化中，可可的地位很高，被玛雅人视为“神的食物”，在每年四月底的节日庆典上，玛雅人都会向“繁殖之神”“雨神”和“可可之神”敬献可可豆、水果和羽毛，并点起熏香取悦他们，以求获得好收成。

巧克力名称的由来

1502 年，哥伦布碰见一艘载运货物到别处做买卖的独木舟，他发现独木舟上的玛雅商人不小心掉下了一些类似杏仁的东西，就急忙将它们捡起。“仿佛掉下来的是他们的眼睛”，哥伦布马上意识到自己在无意中发现了值钱的东西， 于是询问这些东西的名称。这些杏仁状的东西就是可可豆，玛雅人称之为卡卡瓦，阿兹特克人称之为可可，而西班牙人却以讹传讹称之为“巧克力”，这个名称便一直沿用至今。

由于天然的可可树只生长在中美洲的热带低地，加之产量不高，因此可可豆稀有，由此制成的巧克力饮料是美洲贵族阶层和战士们才能享用的高档饮品。每年可可豆会作为珍贵的贡品被收集起来，经过长距离运输送给城市里的贵族。当时的美洲经济还处于以物易物的实物交易阶段，珍贵的可可豆甚至还一度被拿来充当货币。在阿兹特克文明时期，一粒可可豆可以交换一个奴隶，可见可可豆的价值之高。当时还有人在空空的可可豆壳里塞进黏土冒充真的可可豆，这也证实了可可豆确实被视为一种货币。因此，可可豆被视为美洲迈向货币化的重要开端。西班牙人到达中美洲后的数百年里，这种传统仍然延续，甚至在 18 世纪的哥斯达黎加（中美洲的一个国家，当时是西班牙殖民地），人们仍用可可豆当作货币来买东西。

在西班牙，天主教神父最早将巧克力普及到整个西班牙及其邻国。人们最初将巧克力作为宗教专用饮料，不久就和美洲人一样，

巧克力成为西班牙上层贵族们打发闲暇时光和显示自己身份地位的饮料。在16世纪初的西班牙，巧克力饮品改变了原有的奇怪味道，贵族们在里面加入水、糖、肉桂和香草精（糖、肉桂和香草精在当时都属于奢侈品），以彰显其昂贵与高档。直至两个世纪后，热巧克力里才加入了牛奶。相传在法国国王路易十三与西班牙公主安妮的婚礼上，巧克力被作为最高级的饮品来款待宾客，由此巧克力开始在法国贵族之间流行。此外，西班牙公主将可可豆送给路易十四作为订婚礼物，也形成了后来人们用巧克力表达爱情的这一习俗。当时的人们痴迷于美味又奢侈的巧克力饮品，巧克力就成为西班牙的美洲殖民地最主要的出口产品。

在经济利益的驱动下，可可豆的生产由墨西哥的野生树林转为大面积种植园，最初在委内瑞拉和中美洲广泛种植，之后又移植到菲律宾、印度尼西亚和巴西，最后移植到非洲。可可的大面积种植使可可豆不再稀有，成了普通商品。19世纪后期，欧洲的女性也开始饮用巧克力饮料，随后牛奶巧克力问世。1847年，世界上第一块固体巧克力诞生，不过那时的巧克力仍易碎粗糙。1876年，瑞士人通过添加奶粉制成了固态牛奶巧克力，这就是今天大家所熟悉的巧克力的雏形。1879年，瑞士人发明了精炼技术，使巧克力的品质大幅提升。就这样，来自美洲的巧克力作为甜点逐渐在异国他乡落地生根，成为今天人们依然熟悉的日常食品。

工业革命后的饮食变化

18世纪60年代，工业革命在英国兴起，瓦特改良的蒸汽机被人们广泛应用，后来许多欧洲国家也纷纷效仿。到了19世纪30年代，蒸汽机已成为主要的动力来源。工业革命极大地提高了劳动生产率，使得人类社会进入“蒸汽时代”，这标志着工业化时代的到来。工厂的大量出现，机器的广泛应用，极大地促进了经济发展，同时也给人们的衣食住行带来了巨大变化，使得社会发生巨变。

工业革命前的人类饮食

在工业革命发生前，欧洲地区人们的饮食状况仍与前几个世纪的状况大同小异，饥荒和食品价格的不断上涨是常有的事，大多数人的生存状况堪忧，寻找每日所需的食物成为当务之急，因此人们在吃饭时会围坐在桌边，感谢上帝赋予他们的一切，并祈求上帝的保佑。当时大多数人都以谷物为主食，

他们将谷物煮成稠粥或汤，加入牛奶，配上煎饼、面包等一起食用。平时人们很少能吃到肉、鱼、黄油和鸡蛋，只有在节日里才有可能吃到这些食物。能否吃上肉类食品取决于一个人的收入与社会地位，只有社会地位高的人才能享用肉食。由于谷物的主要成分是碳水化合物，因此仅靠谷物来提供人体每日所需的能量显然是不够的，蛋白质和脂肪的摄入不足造成了当时很多人的营养不良。而且与今日相比，当时的人们对新鲜蔬菜和水果的食用量也少得可怜，因为果蔬很难保鲜，容易腐烂变质，丧失营养和美味。当时的调味品也很缺乏，很多食物都没什么味道。可以说，在工业革命以前的人类世界，大多数农村居民过着自给自足的生活，而城镇居民则从附近的农民那里购买食物，饮食也大多单一。

总而言之，如果用现代标准来看，古代的食物产量不足，难以消化，烹饪方式简单，还容易残留病菌，使得食用的人容易染上致命疾病，所以当时人的平均寿命普遍较短，婴幼儿死亡率也很高，很大程度上都是因为食物供应量不足导致人们营养不良，进而使个人的生产力也相对较低。

工业革命后的饮食变化

对于人类的饮食领域来说，工业革命带来的最重要的变化莫过于食物种类的增多。在工业革命发端地英国，凭借技术进步、国际贸易以及海外殖民掠夺等方式获取了更多的食物，特别是农业技术进步和政治经济结构变迁带来了农产品产量的大幅上升。农民从封建土地所有制中解放出来，新型农业工具及机械的运用、作物轮作增产等措施都促使农作物产量提升和农产品价格降低。18 世纪以前，小麦在英国还属于奢侈品，一般只有富裕家庭才能吃得起，普通劳工家庭则以大麦、燕麦、黑麦为主食。但到了 18 世纪 60 年代，南部劳工家庭主食的三分之二为小麦，东南部甚至达到 90%。小麦在面包制作中的比例也持续增加，越来越多的人可以吃得起面包了，但食物消费还是表现出明显的阶级性，社会下层虽然以面包为主食，但是这种面包主要是由粗糙廉价的谷物制作而成的，比如大麦、黑麦、燕麦甚至是亚麻籽。这种以廉价谷物为主的饮食结构并不能满足人们的身体营养需求，而来自殖民地越来越廉价的糖却成了很好的补充。糖的普及得益于工业革命后出现的铁路和蒸汽船，它们使远洋贸易和更远地区的贸易交流成为可能。全球贸易网的拓展使谷物价格持续下跌，各地食物品种交流更加频繁，为培育产量更高、更优质的食物品种奠定了基础。

工业革命还带来了人们饮食习惯和消费观念的变化。在工业革命期间，英国曼彻斯特一个普通家庭的一日三餐大抵如下：早餐是燕麦粥、面包和牛奶；午餐的话，工作日通常吃土豆和咸肉，周日可以添加一些鲜肉；晚餐是燕麦粥和牛奶，有时候是土豆和牛奶，周日会有一些乳酪面包。从这份清单中可以看出，工业革命时期英国人的饮食结构发生了变化，相比之前丰富了很多。城市里的工人家庭可以享受更多的动物蛋白和更多样化的食物，每个家庭成员一周可以吃一次肉。工人家庭在糖和茶叶上的日常花费是农村家庭的两倍。咖啡也成为一种常规性支出，咖啡加面包的早餐组合逐步取代了原先寡淡的啤酒加面粉汤。此外，人们还购买了更多的调味品，比如盐、胡椒、芥末、醋和麦芽，他们也会买少量的大米和葡萄干做布丁，鸡蛋也开始成为家庭餐桌的常客。

工业革命让更多技术融入食品的生产、加工和储存过程中，使人类减轻了饥荒的困扰。大量机器用于食物的生产和加工，带来了人类历史上第一次对食物的大规模生产；新的食物储存方法的运用也使人们不再受丰年、歉年波动的影响。随着食物贮藏时间的逐渐延长，不同供应商之间的自由竞争，使得食品可以在更广阔的地区流通。现代广告的引入在生产与消费之间搭起桥梁，使食物变得比工业时代之前更强调味道和营养价值。

至 19 世纪中后期第二次工业革命爆发，电力和内燃机的广泛应用使人类进入“电气时代”，各种电器的出现极大地便利了人们的生活，特别是厨房电器的出现使厨房面目一新，人类的餐饮生活进入了新的阶段。仅以当时的英国为例，英国人的食物已经很丰富了，除了一日三餐以外，“下午茶”也风靡起来，英式下午茶不仅有面包和牛奶，还有咖啡、茶和一些小甜点，人们吃的面包也变得精细起来，肉、鱼、蔬菜也成为英国人餐桌上常见的食物。冷冻技术的重大突破，让冷饮也成为英国人生活的一部分。

总之，从 18 世纪晚期以来，人类的饮食文化在工业革命技术发展的影响下飞速发展、变化。在工业革命发生后的两百余年里，饮食文化的剧烈重构和现代化发展明显改变了过去食物所承载的价值，人类食用食物不再仅因为它能缓解饥饿或代表某种社会地位，甚至价格也不再是主要因素，而是因为它的味道和健康。人类对食物观念的改变也迎来了一个与科学知识相关的全新世界。

罐头与战争

如何将食物保鲜并长久储存，是人类从古至今一直在探寻的问题。古今中外有很多人一直在寻找食物保鲜的方法，盐腌、风干、烟熏是人类早期就已使用的方法，直至今天人们还在使用，但经过这样处理后的食物并不能保留原有的味道。古代的美索不达米亚人会把油灌入食品储藏罐里，以此来隔绝空气达到保鲜的目的。欧洲中世纪时期，人们常常用黄油或肉冻来填满馅饼的每个孔洞和缝隙，防止馅料接触空气。

在中国古代就出现了用陶罐装食品保鲜的方法。南北朝时期贾思勰的《齐民要术》中曾经提到："将肉类加盐和麦面拌匀，用泥封在瓦罐中保存。"这种方法和现在的罐头在原理上有一定的共同之处，但还是不能完全实现长久保鲜。当真正意义上的现代罐头在欧洲出现时，人类才第一次实现了将食物长久保鲜。但说起罐头的诞生，就不得不提及战争，正是人类战争的后勤保障需求促使了罐头的诞生。

19世纪初，欧洲大陆爆发了大规模的拿破仑战争。在法国，拿破仑的军队四处征战，当时军队的军粮问题就成为最重要的问题。长期的征战与颠簸使得法国军队的后勤补给成为很大的负担，军粮难以长久保存，士兵吃不饱饭，战斗力大大受挫，于是拿破仑重金悬赏征求能够长期储存食物的方法。当时一位来自巴黎的糕点师尼古拉·阿佩尔发现，密封在容器中的食品，只要经过适当加热，便可长期保存。于是他用全部的精力进行研究和实践，经过十多年的努力，终于发明出一种可以长期储存食物的好方法：把肉和黄豆等食物装进玻璃瓶里，先用木塞堵住瓶口，放入蒸锅加热，让罐内的食物沸腾半个小时到一个小时，取出后趁热将木塞塞紧，并用蜡封口，这样肉和黄豆就可以储存很久都不会坏，最早的罐头由此诞生。1864年，生物学家巴斯德证实了食品的腐烂是由食品中的细菌导致的，因此，如果在封存食物以前先加热杀死细菌，那么细菌便无法自然产生，这一思路奠定了食品罐藏技术的基础。

很快，阿佩尔的玻璃罐头被用于拿破仑法军的餐食中。玻璃罐头虽容易保存食物，但是易碎，这样就给运输带来了很多不便。法国的对手英国人在了解到法国人在军粮保存方面有了重大突破，数月之后，英国商人彼得·杜兰德也掌握了同样的食物储藏技术，并在英国取得专利。他又将专利卖给了工程师布莱恩·唐金，后者解决了阿佩尔玻璃罐头易碎的缺陷，改用锡罐作为容器取而代之，这样现代罐头的原型就诞生了。罐头的出现解决了军粮不易保存和远距离作战供给的问题，也加速了欧洲各国军事力量的现代化进程。与拿破仑军队的玻璃罐头相比，英国的金属罐头更胜一筹。因此，有历史学家认为罐头质量差也是拿破仑 1815 年在滑铁卢战败的原因之一。

拿破仑战争结束后，罐头借由工业革命的机器流水线生产，转而成为大众消费品，各式各样的罐头进入千家万户的厨房。事实上，罐头已成为一种食品加工方式，而不仅仅是保存食品的方式。罐头制成的食品有独特的风味，令人着迷，加之方便食用，罐头已成为人类现代生活的一部分，也是今天快节奏生活方式的一种表现。

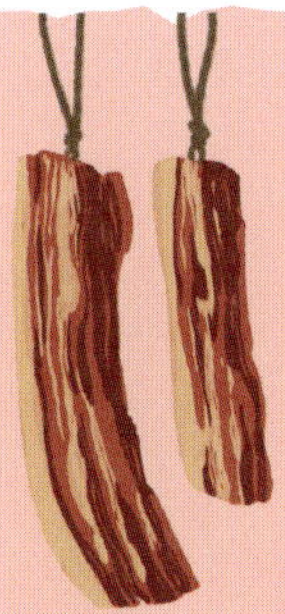

古代战争的军粮

在中国有个大家耳熟能详的成语“兵马未动，粮草先行”，战争往往旷日持久，但食品的保质期却很短。如何调度国内的粮食，有效率地又不失营养地补给前线，是古今中外军事家绕不过的难题。在古代中国，唐宋以前的军粮以粟米为主，食用方法是煮粥。用粟米做军粮还有一个好处就是可以搭配草料喂马，保证战马的营养。唐朝时，胡饼（烧饼）开始在民间流行，并渐渐成为唐宋时期的标准军粮。到了明朝，为了便于携带，军队还出现了穿孔烧饼，也就是在炭火烤制的圆饼中间戳个小孔，并用绳子穿起来，外出征战时，士兵们每人背上一串，方便携带。此外，肉干、豆酱也是中国古代军队的主要军粮。在欧洲，很长一段时间军人们都依靠腌肉、腌鱼、肉干、奶酪和饼干来补充体力，或者用麦粒煮粥充饥。古代欧洲的饼干和现代饼干差异较大，是一种用面粉、盐和动物油制作的面包经二次烘烤而成的食物，易于保存但口感极为坚硬，甚至年纪大的士兵吃时都会被硌掉牙齿。由于缺少新鲜蔬果摄入，长期在海上漂泊数月的士兵很容易因营养不良患上坏血病。此外，这些食物在制作时，有时也会被病菌污染，使远离家乡的士兵食用后遭受不明传染病的威胁。

历史演进中的快餐

说起快餐，这种预先做好并能迅速提供给顾客食用的食物，大家可能会立刻想到薯条、汉堡包之类的。其实快餐并非新兴事物，历史上几乎所有以城市生活为主的文化都出现过供应现成食品给城市居民的摊贩，这些摊贩所售卖的食物就是快餐。

古代的快餐

历史上最早的快餐可能是古希腊时期一种串在签子上的烤肉，这种烤肉在当时古希腊名流亚里士多德、阿里斯托芬、色诺芬等人的著作中都出现过。大约 2800 年前，古希腊的居民就将肉切成薄片炙烤食用，不同于新石器时代的传统煮肉，烤肉是一种新的、具有革命性的肉类烹饪方法。在古希腊时期烧烤曾十分流行，希腊人为此还专门制作了石质烧烤架，当时的希腊人就在类似马车的摊位上用热炭烤制肉串和其他商品，据考古发掘，当时的摊贩还有便携的炊具。这些车摊就像如今的小酒馆或街头小贩一样，实际出售的就是一种街边的快餐，因为除了烤肉外，车摊还卖栗子、面食和腌制品、冷盘等食物。

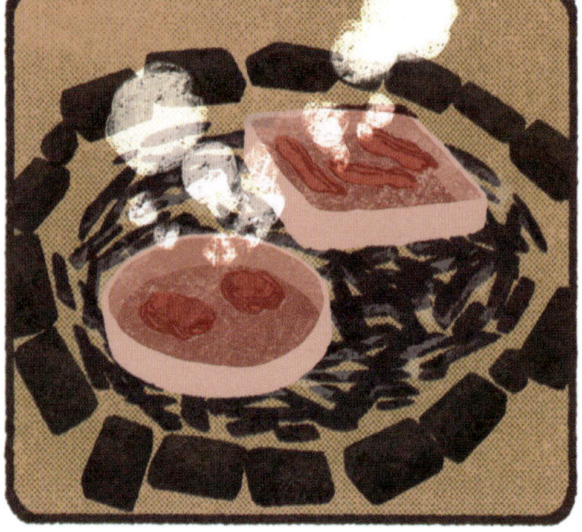

在古罗马时期的城市里，由于罗马人的住宅很少设炊煮用的厨房，因此人们要在城中的小贩那里购买现成食品。在中世纪，英国伦敦街头的公共厨房夜以继日地为人们烹煮食物，贩卖烤、煎或白煮的鱼与禽肉。13 世纪的法国巴黎，街上时常可以听到各种食品小贩的叫卖声，人们通常可以买到煮或烤的各种肉类以及肉馅饼、蛋挞、蛋糕和煎饼等食物，当然还有各种饮料。

在古代，唐代就有了快餐。据史书记载，某天，唐德宗临时召见官员吴凑，任命他为京兆尹，命其立即赴任。吴凑在上任前，想邀请亲朋好友在家中聚餐，可是时间很紧迫，接到邀请的客人到来时，酒宴已在桌上摆好了。客人大惑不解，吴凑就告诉他们："两市日有礼席，举铛釜而取之，故三五百人之馔，可立办也。"意思就是一个宴席要招待几百号人，怎么办？带上锅碗瓢盆去两市，把订好的饭菜取回来就可以了，"立办"就是唐代的快餐。到了宋代，由于商品经济发达，在北宋的都城汴京和南宋的都城临安等地，也出现了这种即食的快餐店，以满足当时商旅的饮食需要，甚至当时还形成了类似今天的外卖食物传递系统，有专门的人承担送食物的任务。他们从餐饮店家承接任务，然后跑步把这些快餐送往食客手中。这个过程简单、方便、快速，但是运送范围有限，一般不超过 5 千米。

现代的快餐

古代的快餐与今日的快餐之间还是有着明显的差异。因为古代的小贩绝大部分采用小规模手工制作，仅供应家常餐食给地方上的街坊邻居。今日的快餐业供应工业化加工的食物，目的是让人不需要烹饪就可很快食用，它追求速度与便捷，是现代工业社会的产物。

18 世纪末期，在英国工业革命的影响下，整个欧洲交通运输事业蓬勃发展，火车、轮船等新式公共交通工具的发展带动了旅游风潮，也加快了人们的生活节奏，餐饮业顺势改变，开始追求速度与便捷。1902 年，美国就开始有人想利用工业化生产流水线的概念来经营餐厅，开始对食品生产制定标准并严格管理，但规模都不大。20 世纪 30 年代，美国经济处于大萧条时期，廉价快速的汽车餐厅在南加州地区兴起。这种平价连锁餐厅为了适应经济不景气的环境，减少了服务，降低了价格，缩短了用餐时间，被认为是现代快餐业的雏形。

第二次世界大战后，人们的生活习惯发生了巨大的改变，人们越来越崇尚速度和效率，花两三个小时吃午餐的人变少了，午餐的形式和内容都变得越来越简单。20 世纪 40 年代末至 50 年代初，汽车开始进入美国中产阶级家庭，人口的流动性大大增加，很多人开始住在郊外，需要花费较长时间开车去工作。在这一系列变化的冲击下，传统餐饮业已不能满足人们多样化的需求了。

1940 年，位于美国加利福尼亚州 66 号公路旁边出现了一家简陋的汽车餐厅，这是理查德·麦当劳与莫里斯·麦当劳兄弟俩创办的“麦当劳烧烤”餐厅。1948 年，麦当劳兄弟结合长期的运营经验，总结出餐厅的汉堡销售额占比高的原因在于价格低、上

餐快，于是大幅改革烧烤店。他们将餐厅的菜单从 25 项精简为 9 项，并推出招牌“15 美分优质汉堡”，同时引入流水线和全透明式厨房，转型为快餐店，这一模式大获成功。1954 年，一位叫雷·克洛克的经销商获得了麦当劳兄弟餐厅的特许经营权，并在 1955 年开设了自己的麦当劳餐厅。1961 年，克洛克又用 270 万美元从麦当劳兄弟手中买下了麦当劳餐厅的全部经营权，在他的不懈努力下建立了连锁体系，最终使麦当劳发展成为全美国乃至全世界都拥有众多分店的快餐业巨头。在麦当劳模式取得成功后，其他品牌也争相效仿，都取得了很大发展。

这种快餐模式的核心实际上就是方便、快捷和美味。为什么这种模式能够取得巨大成功，受到人们的喜爱与追捧呢？原因就在于前面所述的社会进步与时代变迁，在工业化进程中，人们的工作变得繁忙，城市的生活节奏加快，在这种情况下人们就迫切需要一种新的生活方式和饮食结构来与现代生活相匹配。麦当劳模式可谓应运而生，使得人们的饮食更加方便、快捷、高效，符合社会进步的步伐。

今天，无论是西式快餐还是中式快餐，都已成为当代人们饮食文化中不可或缺的一部分。尽管与传统饮食相比，它们的餐品较为单一，营养价值较低，但是它们便捷、迅速，仍然值得身处现代社会中的人们为它们买单。

后 记

全球化的美食世界

“我和你，心连心，同住地球村……”随着社会的发展，我们不知不觉已身处全球化的世界中。以前一座城市与另一座城市之间隔山隔海，漫长的路程遥不可及，现在乘坐高铁或者飞机几个小时就能跨越千里。世界并没有变小，我们的距离却拉近了。在全球化带来的时空压缩下，各地的美食交流也更加频繁，今天的人们更容易吃到产自世界不同地区的食物。全球化改变着我们的生活，也改变着我们的饮食。

一方面，我们迎来了前所未有的种类繁多的美食世界，来自世界各地的各种食物使我们的饮食习惯慢慢地改变，甚至会误将并不久远的新变化视为某种传统，就像今天中国菜中常见的辣椒，其普及的历史不过百余年，类似的还有席卷全国的小龙虾。与此同时，世界各地的饮食文化正融入我们的饮食生活中，日本料理、越南米粉、韩式烤肉、美式快餐等都已成为我们饮食的一部分。中餐也在悄悄发生着变化，摆脱了过去地方饮食文化的束缚，融入更多来自全国各地的饮食习惯，甚至也融入了西餐的元素。

与过去相比，今天的我们可以吃得更好、更饱。然而，这样的饮食变化给人类带来的并不全是快乐，也有烦恼和危险。全世界超重者的数量不断上升，原因在于摄入过多的糖和脂肪以及缺乏锻炼，身材管理已成为全社会共同关注的重要话题。

另一方面，我们的美食世界也面临着现代化和全球化带来的危机与挑战。现代的食物交流使食材更容易获得，于是厨房就像作业流水线，人们可以拿现成的材料来重组搭配，而这些材料往往是加工过的食品。这显然就像工业产品的“工厂”，厂房并没有制造什么，而是将世界各地送来的零件组装起来，这些零件产自哪里并不重要，只要制造成本低廉即可。“便利”变得比交流、乐趣或营养更重要。据调查，很多人表示他们知道加工食品比新鲜食品难吃，也相信加工食品营养不高，食用起来也不一定安全，可是为了方便，他们愿意牺牲这些而选择廉价的标准规格产品。

标准化生产的快餐虽然带给了人们价格低廉、便捷的食物，然而可怕的是它摧残了人类长久以来的饮食文化。厨房和餐桌不再是人们联系交流的平台，在把烹饪当成文明基础的人看来，微波炉甚至是最后的“敌人”。微波炉和即食食品使人们不必等待做饭时间，过去大家共同烹饪的过程以及围桌聚餐交流的仪式就这样被轻易瓦解。

虽然美食世界随着工业化和全球化时代的到来，面临着各种危险，但我们仍然有充分的理由对食物世界的未来保持乐观。因为标准化产品虽然占了上风，但食物仍是人们心中的艺术。跨国大型企业在食品生产、加工和供给方面的革新措施推动了食物世界的全球化，但这些企业仍然难以独占整个食品世界。也许是人性使然，人们产生了反抗，从而促使传统烹饪复兴，甚至连麦当劳、肯德基和可口可乐都不得不根据各地口味和文化，修正食谱、调整食物的配比。味蕾的国际化和各种菜系的融合兴起，也反映着当下世界的多元文化。

值得注意的是，今天人类制造了太多的食物，这其实是一种资源的浪费和对自然的掠夺。人类已经滥用地球资源，口腹之欲的满足背后是人类的贪婪和对生态的傲慢。为此，我们应理性地开发自然，而不是制造工业化的有害后果，比如廉价食品过量供应，滥用各种食品添加剂，危害物种，造成生态环境恶化。

全球化还在继续，我们的美食世界也还在发展，在未来，人类能否吃得更好、更健康，这需要大家共同的努力。